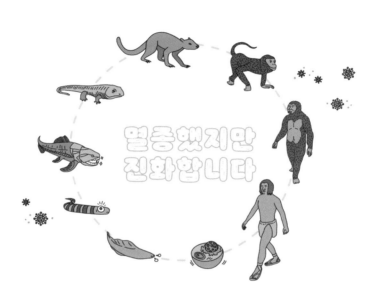

사진 제공 14쪽 위키미디어(Ryan Hagerty) 58쪽 위키미디어(Charles J. Sharp) 77쪽 위키미디어
(Daiju Azuma) 101쪽 위키미디어(Han Zeng) 111쪽 위키미디어(Eduard Solà) 116
쪽 위키미디어(Sharktopus) 117쪽 위키미디어(divemasterking2000) 120쪽 위키미디
어(Dustin Iskandar, JJ Harrison) 131쪽 위키미디어(Peter Wilton, RAF-YYC) 134
쪽 위키미디어 146쪽 위키미디어(Kiwi Rex) 165쪽 위키미디어 174쪽 위키미디어(Judi
Lapsley Miller)

멸종했지만 진화합니다

초판 1쇄 발행 2024년 1월 19일

지은이   박재용
그린이   방상호
펴낸이   진영수
디자인   김세라

펴낸곳   영수책방
         출판등록 2021년 2월 8일 제 2022-000024호
         전화 070-8778-8424 | 팩스 02-6499-2123 | 전자우편 sisyphos26@gmail.com

ⓒ 박재용 · 방상호 2024
ISBN 979-11-93759-00-4 43400
     979-11-974312-9-6 44300(세트)

멸종했지만

박재용 지음 | 방상호 그림

진화합니다

영수
책방

이른 봄부터 늦가을까지 하얀 벚꽃, 노란 개나리, 빨간 장미, 노랗고 하얀 국화를 길가에서, 공원에서, 화단에서 봅니다. 동네 뒷산에는 뒷산의 꽃이 피고, 제주 성산에는 성산의 꽃이 피고, 설악에는 설악의 꽃이 핍니다. 뒷산을 걷다 눈을 마주치는 청설모, 하천 변을 걷다 보면 만나는 철새, 등교하다 마주치는 고양이와 비둘기, 하다못해 여름이면 우리를 괴롭히는 날파리와 모기까지, 많지는 않지만 다양한 동물을 봅니다. 조금 눈을 돌려 전 세계의 바다와 삼림, 초원을 살펴보면 훨씬 더 많은 생물을 만날 수 있습니다.

해파리, 산호, 지렁이, 거머리, 나비, 꿀벌, 딱정벌레, 지네, 노래기, 그리마, 거미, 전갈, 게, 가재, 바지락, 꼬막, 전복, 달팽이, 오징어, 낙지, 해삼, 불가사리, 참치, 전갱이, 상어, 홍어,

개구리, 두꺼비, 뱀, 거북, 카멜레온, 참새, 독수리, 나무늘보, 삵쾡이

참나무, 소나무, 떡갈나무, 진달래, 산수유, 민들레, 꽃다지, 제비꽃, 맹그로브, 아카시아, 은행나무, 벼, 보리, 밀, 고구마, 배추, 무, 딸기, 수박, 오이, 구절초, 고사리, 소철, 석송, 우산이끼, 솔이끼

느타리버섯, 송이버섯, 맥각, 푸른곰팡이, 누룩곰팡이, 효모

결핵균, 대장균, 간균, 포도상구균, 유산균, 보툴리누스균, 파상풍균

정말 셀 수 없이 많은 지구 생물입니다. 지구와 바로 이웃한 금성이나 화성, 좀 더 먼 토성이나 목성, 그리고 지구의 위성인 달까지 살펴봐도 지구처럼 다채로운 생물로 가득한 세상은 없습니다. 아무것도 없던 지구가 다양한 생물로 풍요로워진 것은 어찌 보면 기적과도 같습니다. 이 다양성의 기적은 어디서 온 걸까요? 과학은 진화가 그 답이라고 이야기합니다. 하지만 진화는 동시에 멸종이기도 합니다. 한 종이 진화하면서 기존의 종은 멸종하고 새로운 종이 탄생하니까요. 이 과정을 통해 진화는 생태계를 더 다양하게 만들고, 또 새롭게 바꿉니다. 진화와 생태계에 얽힌 여러 사정을 살펴보러 갈까요?

차례

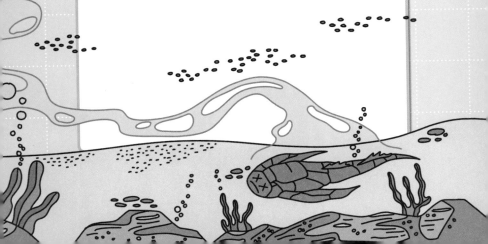

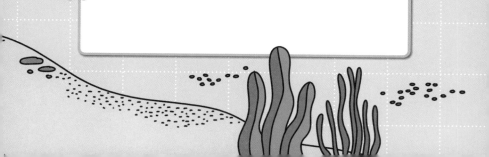

생물에겐 저마다의 사정이 있다

기생 동물과 숙주의 진화

기생 말벌과 애벌레

　하늘을 날아다니는 곤충도 애벌레 시절엔 잎에서 엉금엉금 기어가며 지냅니다. 당연히 성충보다는 기어다니는 애벌레를 사냥하기가 더 편하죠. 그래서 애벌레를 노리는 수많은 사냥꾼이 있습니다. 그중에서도 최악의 사냥꾼을 꼽으라면 기생 말벌이 다섯 손가락 안에 들 것입니다. 기생 말벌은 적당한 애벌레를 고르면 쏜살같이 접근해서 침처럼 뾰족한 산란관을 꽂고 애벌레 몸속에 알을 낳습니다. 몸속의 알들은 며칠 내로 부화해서 애벌레가 됩니다. 애벌레 안에 또 애벌레가 있는 거죠. 이런 경우를 기생이라고 합니다.

　기생이란 한쪽은 이익을 얻지만 상대편에겐 피해를 입히는 걸 말합니다. 피해를 입는 생물은 숙주라고 합니다. 말벌의 애벌레는 숙주 애벌레의 몸을 안에서부터 파먹으며 자랍니다. 말벌 새끼들이 몸을 파먹는데 애벌레는 죽지 않냐고요? 수천, 수만 년에 걸친 시행착오가 있었죠. 처음에는 멋도 모르고 애벌레의 중요한 기관을 파먹어 애벌레가 일찍 죽어 버렸습니다. 그 속의 말벌 새끼도 덩달아 같이 죽었겠죠. 그러나 중요 기관은 건드리지 않고 생존에 크게 영향을 주지 않는 숙주의 체액만 빨아 먹은 말벌 새끼도 있었습니다. 숙주 애벌레가 오래 생존하니 말벌 새끼의 생존율도 같이 높아집니다. 이런 일이 오랜 시간 이어지면서 자연히 말벌 새끼가 완전히 자랄 때까지 숙주 애벌레의 목숨을 유지하는 방향으로 진화가 이루어졌습니다.

애벌레의 입장에선 말벌이 가장 무서운 적입니다. 어떻게든 방어를 해야죠. 물론 애벌레가 스스로 방어 전략을 세우진 않습니다. 애벌레에게 나타난 약간의 돌연변이들이 방어에 도움을 주는 겁니다. 가령 어떤 애벌레에게 변이가 생겨 등판에 아주 작은 돌기가 몇 개 생겼다고 생각해 보겠습니다. 실제로 자주 있는 일이죠. 등판에 돌기가 생긴 애벌레에게는 말벌이 조금 덜 앉게 되면서 이 녀석의 생존율이 높아집니다. 그러면 번식도 조금 더 많이 하겠죠. 이 애벌레의 후손 중에 또 변이가 생겨 큰 돌기를 갖게 된 녀석은 생존율과 번식률이 더 높아집

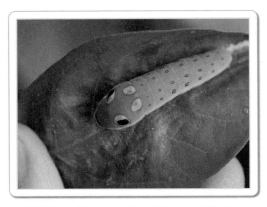

뱀 눈 무늬가 있는 스파이스부시 호랑나비 애벌레입니다.

니다. 이런 식으로 가시가 나는 애벌레가 진화합니다. 말벌이 애벌레 등에 알을 낳는 걸 방해하는 방식입니다.

또 다른 애벌레는 등에 무늬가 생기는 돌연변이가 나타납니다. 이 또한 자주 있는 변이입니다. 그런데 등에 생긴 변색 무늬가 우연히 눈 모양처럼 보입니다. 아주 조금은 말벌의 공격을 막아 내죠. 눈 모양의 무늬는 후손에게 이어지는데 그중 뱀눈과 비슷한 모습이 다른 동물의 눈 모양보다 생존율과 번식률이 높았습니다. 자연히 뱀의 눈과 비슷한 무늬가 대세가 됩니다.

독을 품는 애벌레도 있습니다. 스스로 독을 만들진 않지만자기가 먹는 잎에 있는 독성을 체내에 보관하는 겁니다. 처음부터 부러 저장한 것은 아니고 주식이 되는 잎을 가진 나무가 애벌레 등쌀에 못 이겨 독을 품게 되었고, 자연스레 이 나뭇잎을 먹어야 하는 애벌레는 그 독을 한곳에 가둬 둔 거죠. 원래는 배출하는 것이 더 자연스런 현상이었을 겁니다. 그런데 어떤 돌연변이가 이를 배출하지 못하고 일부를 저장해 뒀더니 말벌에게는 효과가 있었습니다. 나는 독이 있는 애벌레라는 걸 말벌에게 알릴 필요가 생겼습니다. 그래야 말벌이 건들지 않을 테니까요.

이때 또 변이가 나타납니다. 독이 있는 애벌레의 피부가 눈에 잘 띄는 색으로 변합니다. 원래 이런 변이는 생존에 불리합니다. 말벌의 눈에 잘 띄니까요. 하지만 이 애벌레는 독이 있으니 말벌이 몸속에 알을 낳아도 후손을 물려주지 않게 됩니다. 그럼 이 애벌레에 알을 낳는 말벌은 사라지고 다른 애벌레에 알을 낳는 말벌만 후손을 남기겠죠. 결국 의도하진 않았지만 독이 있는 애벌레는 다른 애벌레와 달리 눈에 잘 띄는 피부색을 가지게 됩니다. '나를 먹게 되면 독도 같이 먹는 거다'라고 미리 알리는 거죠.

그 외에도 어떤 애벌레는 자기가 눈 똥을 등에 덮어 버리기도 합니다. 가시도 없고 독도 없고 무늬도 없으니 똥이라도 등에 얹어서 피하려는 겁니다. 더러운 게 죽는 것보단 낫다는 거죠. 이렇듯 다양한 변이가 애벌레를 바꿉니다. 색을 바꾸기도 하고, 먹이를 먹는 시간을 바꾸기도 하고, 크기와 모양을 바꾸기도 합니다.

다양성을 낳는 진화

자, 애벌레가 이렇게 다양한 대응 전략을 세우면 말벌도 대처할 방법을 찾아야 합니다. 알은 낳아야 하는데 숙주가 될 애벌레가 저리 저항하니 선택을 합니다. 어떤 말벌은 가시가 있는 녀석에게 기어이 알을 낳습니다. 이런 녀석은 가시에 찔리지 않도록 다리가 길어지는 변이를 보입니다. 또 다른 말벌은 독을 품은 애벌레에게 알을 낳습니다. 이 말벌의 새끼들은 기막히게 독을 피해서 애벌레의 체액만 먹고 삽니다. 또는 애벌레의 독을 먹더라도 숙주 애벌레처럼 자신의 몸 한곳에 저장해서 피해를 입지 않죠. 똥을 짊어진 애벌레에게 알을 낳는 말벌도 있습니다. 똥 같은 건 무시하는 거죠. 어떤 대책을 세우건 말벌을 완전히 피할 수 있는 애벌레는 거의 없습니다. 다만 말벌의 공격을 줄이고 생존율과 번식률을 높이는 것뿐이죠. 말벌도 목숨 걸고 하는 일이니까요.

여기서 의문이 하나 생깁니다. 애벌레가 이왕 말벌의 공격을 막겠다고 나섰을 때 가시도 만들고 등에 뱀 눈도 그리고 똥도 올려놓고 독도 풀면 더 좋지 않을까요? 하지만 그리되진 않습니다. 자원 분배의 문제가 있으니까요.

애벌레 입장에선 없던 가시를 만드는 것도 에너지가 드는 일입니다. 자기가 먹은 영양분 중 일부를 분배해서 가시를 만드는 거죠. 뱀 눈 무늬를 만드는 것도 독을 만드는 것도 마찬가지입니다. 이 모든 일에 다 힘을 쏟을 수도 없지만 그렇게 했다간 오히려 본질적인 부분을 해치게 됩니다. 애벌레 자신이 생장하고 번데기가 되고 성충이 되어 알을 낳아 번식하는 데 쓸 자원이 모자라게 되는 거죠. 돌연변이가 중첩되어 일어나 진짜 다 갖게 되는 방향으로 진화한 개체도 있었을 겁니다. 등에 가시도 돋고, 독도 가지고 있고, 자기 똥도 등에 올리는 일을 동시에 하는 애벌레겠죠. 그런 개체들은 생존율은 높을망정 번식률이 낮아서 결국 멸종해 버리고 맙니다. 자기가 한 달에 버는 돈이 300만 원이라면 그중 일부는 식비로 쓰고 일부는 월세를 내는 데 써야 하는데, 모든 돈을 게임 아이템 사는 데 써 버리곤 정작 먹을 게 없어 굶어 죽거나 월세를 못 내 쫓겨나는 것과 마찬가지죠.

말벌의 입장도 같습니다. 애벌레의 모든 방어 전략에 대응하는 수단을 갖추려면 말벌도 많은 에너지를 소모하게 됩니다. 그 모든 걸 갖는 방향으로 진화했던 말벌은 애벌레를 공격하는 데 모든 힘을 다 써서 정작 자기 알에 줄 영양분이 부족해집니다. 그래서 알의 생존율이 낮아지고 멸종으로 이어졌을 겁니다. 마치 우리나라가 미국, 러시아, 중국, 일본이라는 강대국 사이에 끼어 있는데, 군사력을 키워 모든 세력에 대항하겠다고 핵 잠수함, 핵 항공 모함도 몇 척 만들고, 스텔스기랑 조기 경보기도 왕창 도입하다간 국방비로 나라가 거덜 나는 것과 마찬가지죠. 2차 대전 당시의 독일과 일본이 실제로 그러다가 망했고요.

진화는 적당히 타협을 합니다. 다 막을 수는 없지만 어느 정도 자신의 자원을 배분해서 한 가지 방식을 선택하고 생존율과 번식률을 높이는 방향으로 진화가 이루어집니다. 물론 그 과정에서 말벌에게 당하는 애벌레는 일정 비율로 있을 수밖에 없습니다. 말벌 입장에서도 모든 방법으로 대응할 수 없으니 알을 낳는 데 실패하는 경우도 일정 비율로 생길 거고요. 그런 희생을 치르더라도 자손을 더 많이 남길 수 있다면 그게 진화가 가는 길입니다.

그리고 애벌레가 가시, 독, 똥을 선택하면서 다양성이 생깁니다. 각자 자신이 처한 상황에 맞춰 진화하다 보니 애벌레의 종류가 다양해지는 거죠. 말벌 또한 모든 방어 전략을 뚫는 방식으로 진화가 이루어졌다면 똑같은 종만 남았겠지만, 각자 자신이 선택한 애벌레에 맞춰 적당한 공격 방법 하나를 택해 진화했기 때문에 다양해졌습니다. 한 종류의 애벌레가 말벌에 맞서 여러 방어 전략을 취하면서 서너 종류로 나뉘고, 말벌도 애벌레의 변화에 대응해서 서로 다른 선택을 하면서 또 서너 종류로 나뉘는 거죠.

실제로 곤충 중에서 종류가 많은 것을 꼽자면 딱정벌레, 나비, 벌, 다음이 말벌입니다. 다른 셋은 꽃과의 관계에서 다양해진 것이라면 말벌은 애벌레와의 기생 관계에서 다양한 종 분화가 이루어졌다는 것이 다를 뿐입니다. 자기가 가진 자원의 한계 때문에 각기 다른 방어 전략과 공격 전략을 세우게 되는 것이 종 다양성을 만듭니다. 모든 해결책을 선택할 수 없는 한계가 진화를 통해 생태계에 다양성을 부여합니다.

애벌레와 나무

지금까지 이야기로만 보면 기생 말벌은 아주 흉측한 범죄자이고 애벌레는 불쌍한 피해자처럼 보이지만 조금 범위를 넓혀 보면 사정이 달라집니다. 나비는 보통 알을 낳는 식물을 정해 놓습니다. 가령 배추흰나비는 주로 배추나 무, 양배추의 잎 앞면이나 뒷면에 하나씩 알을 놓죠. 배추흰나비의 애벌레는 알에서 깨어나면 배춧잎을 갉아 먹으며 삽니다. 소철꼬리부전나비 애벌레는 소철 잎을 뜯어 먹고 살고, 남방부전나비의 애벌레는 괭이밥을 주로 먹죠. 이렇게 애벌레의 먹이가 되는 식물을 기주 식물이라고 합니다. 이들 식물 입장에서는 애벌레만큼 나쁜 놈들도 없죠.

식물의 열매는 달콤합니다. 포도, 사과, 복숭아, 자두, 메론 모두 단맛을 가지고 있죠. 이는 식물이 동물에게 먹으라고 유혹하는 겁니다. 이 열매를 먹고 먼 곳에 가서 똥을 누면 씨앗은 소화되지 않고 빠져나옵니다. 싹이 트면 똥을 거름 삼아 자라죠. 식물 입장에선 열매를 먹어 주는 동물이 고마운 존재입니다. 반면 잎을 먹는 것은 사양합니다. 잎이 있어야 광합성을 하고, 광합성을 해야 영양분이 생기고, 그 영양분으로 꽃도 피우고, 열매도 맺기 때문입니다. 식물의 잎이 억세고, 쓰고, 겉에 가시 같은 것이 있는 데 이유가 있습니다. 먹지 말란 거죠. 그런데도 애벌레는 죽자고 그 잎만 먹습니다. 실제로 배추 농사를 짓는 농민들에게도 배추흰나비는 원수나 다름없습니다. 배춧잎을 죄다 갉아 먹어 팔 수 없게 만드니까요.

말벌아, 여기 네가 좋아하는 애벌레가 있단다~

　식물의 입장에선 그런 애벌레 몸에다 알을 낳는 기생 말벌이 오히려 고마운 존재입니다. 일부 식물은 기생 말벌을 부르는 기상천외한 방법을 내놓기도 합니다.

　사람의 몸과 마찬가지로 식물도 바깥은 단단하고 물샐틈없지만(이런 구조를 표피 조직이라고 합니다) 내부는 수분이 가득한 경

우가 대부분입니다. 특히 잎은 표피 조직 아래에 울타리 조직과 해면 조직이 있는데, 해면 조직의 경우 세포와 세포 사이에 빈 공간이 많습니다. 이 공간에 포도당 등 양분이 물에 녹은 상태로 있죠.

애벌레가 잎을 갉아 먹으면 잎 안 조직이 바깥으로 드러납니다. 이 드러난 부분에서 물에 녹아 있던 물질의 일부가 공기 중으로 빠져나갑니다. 조금 어려운 용어로 휘발성 유기 화합물이라고 합니다. 여러분도 그 냄새를 맡아 본 적이 있습니다. 가을에 성묘를 가거나 여름철 뒷산 공원에 놀러 가면 웃자란 풀을 예초기로 자르는 경우가 꽤 있죠. 이때 그 옆을 지나가면 특유의 풀 냄새가 납니다. 바로 그 냄새가 예초기에 잘린 풀잎에서 빠져나온 휘발성 유기 화합물의 냄새입니다. 우린 이 풀에서 나든 저 풀에서 나든 다 똑같은 냄새로 여기지만 사실 식물의 종류에 따라 빠져나오는 휘발성 유기 화합물의 종류나 비율이 조금씩 다릅니다. 즉 냄새가 다른 거죠. 이 점에 착안해서 식물은 애벌레가 자기 잎을 뜯어 먹으면, 그 부위에서 특정 휘발성 유기 화합물을 집중적으로 만듭니다. 즉 애벌레가 지금 여기서 내 잎을 뜯어 먹고 있다는 걸 냄새로 여기저기 알리는 거죠. 그럼 그 애벌레에 주로 알을 낳는 기생 말벌이 냄새를 따라 와선 애벌레 몸 안에 알을 낳습니다.

물론 식물이 이런 방법이 있다는 걸 알고 의식적으로 진화한 건 아닙니다. 애벌레가 잎을 갉아 먹으면 휘발성 유기 화합물이 나오는 건 원래부터 있던 일이죠. 휘발성 유기 화합물이 식물 개체에 따라 조금씩 달랐던 것도 당연하고요. 그런데 그중 특정 성분이 일정한 비중 이상으로 존재하는 경우 기생 말벌을 우연히 유인하게 되었습니다. 처음에는 우연이었지만 이런 일이 반복해서 일어나자 이 식물은 애벌레에 의해 피해를 덜 입게 되었고, 자연히 더 많은 꽃과 열매를 맺으며 자손을 퍼뜨렸습니다. 결국 이 개체의 후손들이 해당 종류의 식물 중 가장 많아지면서 자연스럽게 진화가 이루어진 것입니다.

식물과 애벌레 그리고 기생 말벌의 관계를 놓고 보면, 꼭 애벌레가 불쌍하고 기생 말벌은 나쁘다고 할 수 없죠. 이런 관계는 생태계에서 흔합니다. 당연한 거죠. 가령 토끼를 사냥하는 여우를 생각해 보면 토끼가 불쌍하고 여우가 나쁘지만 그 토끼가 잎을 뜯어 먹는 식물 입장에선 오히려 여우가 은인인 셈입니다. 고등어를 사냥하는 상어를 보면 고등어가 불쌍하지만 그 고등어에게 먹히는 멸치 입장에선 상어가 은인인 셈이고요. 이들은 서로가 서로에게 영향을 미치며 한쪽이 진화하면 그에 맞춰 상대방도 진화하면서 지구 생태계의 다양성을 더 크게 만듭니다.

생태계에는 선악이 없다

어릴 적 동물의 세계를 의인화한 이야기를 접하다 보면 나쁜 동물이 대개 정해져 있습니다. 늑대라든가 여우, 악어, 호랑이, 뱀 등 육식 동물이 악역을 맡죠. 거기다 쥐, 모기, 파리 등 인간이 싫어하는 동물도 포함됩니다. 착한 동물은 거의 초식 동물이죠. 소, 말, 사슴, 코끼리 등이 그러합니다. 돼지는 잡식이고 개는 육식이지만 둘은 워낙 인간과 가까운 사이니 그러려니 합니다.

실제 생태계에선 어떨까요? 육식 동물은 나쁘고 초식 동물은 착할까요? 우리의 선입견과 달리 그렇진 않습니다. 미국 애리조나주의 카이바브 고원 지대에는 검은꼬리사슴이 대표적인 초식 동물이었습니다. 이 사슴을 잡아먹는 육식 동물로는 퓨마, 코요테, 늑대 등이 있었죠. 미국 정부는 사슴을 보호한다며 30여 년간 육식 동물을 사냥했습니다. 그러자 사슴은 무려 10만 마리까지 늘었고, 식물들이 수난을 당하기 시작합니다. 사슴들이 나뭇잎을 마구 뜯어 먹는 통에 잎이 다 사라진 나무들은 죽어 버렸고, 다음으로 풀을 뜯어 먹으니 맨 땅만이 드러났죠. 먹을 것이 없어지면서 사슴도 굶어 죽었습니다. 1925년에서 1926년 두 해

겨울 동안 사슴 6만 마리가 굶어 죽습니다. 그 뒤 실수를 깨달은 미국 정부는 카이바브 고원에 대한 통제를 그만두었죠. 포식 동물이 늘어나자 사슴 수는 1만 마리 정도에서 안정을 되찾았고 나무와 풀도 다시 제대로 자라기 시작했습니다.

생태계란 그런 곳입니다. 풀과 나무도, 사슴과 토끼도, 늑대와 호랑이도 저마다 맡은 역할이 있습니다. 우리가 싫어하는 파리, 모기, 쥐마저도 자신의 몫이 있는 거죠. 우리가 그중 하나를 인위적으로 제거하면 그 여파는 생태계 전체로 퍼집니다.

이는 기생과 숙주의 관계에서도 마찬가지입니다. 앞서 살펴본 기생 말벌은 얄밉기 짝이 없습니다. 다른 애벌레의 몸 안에 알을 낳는 건 야비해 보이죠. 하지만 기생 말벌이 없다면 어떻게 될까요? 숙주 애벌레는 걱정 없이 나무의 나뭇잎을 뜯어 먹겠죠. 나뭇잎이 줄어들면 나무는 제대로 영양분을 만들지 못합니다. 꽃도 제대로 피우기 힘들고, 열매도 얼마 열리지 못하겠죠. 그러면 나무의 열매를 먹으며 사는 청설모나 다람쥐, 새들도 배를 곯게 됩니다. 기생 말벌도 생태계에선 아주 중요한 역할을 하는 거죠.

매년 여름이면 우리 피를 빨아 먹는 모기가 사라진다면 어떤 문제가 생길까요?

왜
감기 예방 주사는
없을까?

바이러스의 진화

변이가 많은 바이러스

콜록콜록 기침이 나고 오싹오싹 추워지면서 감기가 도착했음을 알립니다. 감기 증세를 가라앉히는 약을 먹고 누워선 의학이 이렇게 발달했는데도 매년 두세 번씩 찾아오는 감기를 예방하는 방법이 아직 없나 하는 생각에 다다릅니다.

사실 감기 예방 주사는 만들려면 만들 수 있습니다. 하지만 실익이 적으니 아무도 개발하지 않는 거죠. 독감에 걸리면 나이 들었거나 다른 질환을 앓는 분들이 사망할 확률은 꽤 높습니다. 사망에 이르지 않아도 고통이 심하고 후유증이 남기도 하고요. 그러니 비용이 들어도 백신을 개발합니다. 그럼 국가가 이를 구매해서 노인이나 어린이들에게 무료로 맞힙니다. 나머지 연령대에서도 돈을 내고 백신을 맞는 사람이 많죠. 하지만 감기는 그 증세가 경미하고 사망할 확률이 독감에 비해 아주 낮습니다. 그러니 백신을 개발해도 사람들이 맞으려 하지 않죠. 제약 회사로선 전혀 이익이 되지 않는 겁니다.

그래도 한 번 백신을 개발해서 매년 쓸 수 있다면 상황이 달랐을 겁니다. 처음 개발할 땐 비용이 많이 들어도 계속 팔수가 있으니까요. 하지만 독감이나 감기의 경우 백신을 개발해도 그해 유행할 때 쓰고 나면 다음 해에는 쓰질 못합니다. 새로 개발해야 하죠. 그러니 전혀 수지가 맞질 않습니다. 왜 감기나 독감 백신은 계속 쓸 수 없을까요? 이유는 감기나 독감이 바이러스가 만드는 질병이기 때문입니다.

바이러스는 흔히 '생물과 무생물의 경계'에 있는 존재라고 이야기합니다. 이렇게 보면 꼭 생물처럼 보이지만 또 저렇게 보면 무생물처럼 보이기 때문이죠. 바이러스와 다른 생물의 가장 큰 차이는 세포입니다. 지구의 생물은 모두 세포로 이루어져 있습니다. 세포는 세포막으로 둘러싸여 있죠. 인간이나 다른 동물, 식물, 버섯, 아메바 같은 생물은 세포 안에 다시 핵이 있습니다. 이런 생물을 진핵생물이라고 합니다. 핵 안에는 DNA가 있는데 핵막이 이를 감싸고 있죠. 이렇게 우리가 아는 대부분의 생물은 세포막이 한 번, 다시 핵막이 두 번 보호하기 때문에 DNA가 변하거나 손상되는 일이 비교적 적습니다.

한편 대장균이나 유산균, 결핵균 같은 세균은 사정이 좀 다릅니다. 이들도 세포로 이루어져 있고, 세포막으로 감싸져 있지만 핵이 없습니다. 이런 생물을 원핵생물이라고 하는데 세균이나 고세균이 대표적입니다.

반면 바이러스는 아예 세포로 이루어지지 않았습니다. 그래서 생물이 아니라는 눈총을 받죠. 바이러스의 구조는 대단히 단순해서 안에는 DNA나 RNA 같은 유전 물질이 들어 있고, 이들을 단백질 결정이 감싸고 있습니다. 예를 들자면 진핵생물은 DNA가 아주 딱딱한 야구공 안에 들어 있고 이 야구공을 다시 튼튼한 금고 안에 넣어 놓은 상태입니다. 원핵생물은 튼튼한 가방 안에 DNA가 들어 있는 거고요. 하지만 바이러스는 그저 얇은 가방이나 주머니 안에 들어 있을 뿐입니다.

그래서 DNA의 안정성은 진핵생물이 가장 좋고 그다음이 원핵생물이죠. 바이러스가 가장 나쁩니다. 반대로 DNA의 변이는 바이러스에서 가장 많이 일어나고 진핵생물이 가장 더딥니다. 변이가 많이 일어나면 진화가 빠르게 진행될 가능성이 높습니다.

가령 어떤 나비 한 종의 1000마리 중 변이가 10개 나타난다면, 바이러스에선 1000개당 변이가 1000개라고 하죠. 대부분의 변이는 개체에게 손해가 됩니다. 아주 소수의 변이만

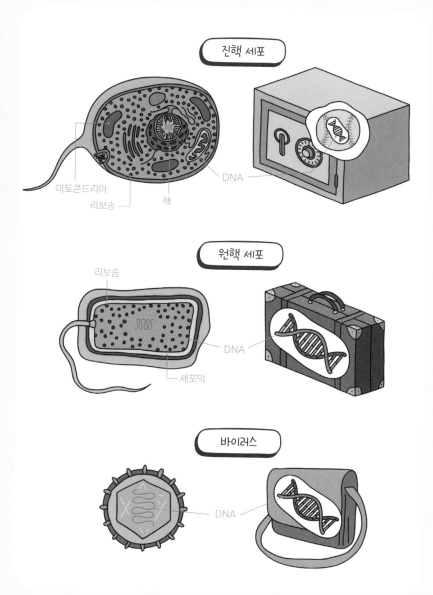

개체에게 이득이 되죠. 개체에게 이득이 되는 변이가 1000개 중 1개 정도라고 가정하죠. 그럼 나비의 경우 변이가 10개만 나타나니 개체에게 이득이 되는 변이는 10만 마리에 1마리 정도 나타납니다. 반면 바이러스는 1000개당 1개 정도 이득이 되는 변이가 나타납니다. 이런 변이가 진화를 만드니 나비보다는 바이러스의 진화가 훨씬 빠르게 일어나는 거죠.

　바이러스의 진화가 빠른 또 다른 이유는 개체 수가 많기 때문입니다. 한 사람이 감기에 걸리면 몸속에선 바이러스가 하루에 수천 만, 수억 개가 발생합니다. 만약 감기에 걸린 사람이 1만 명이면 하루에 수조 개의 바이러스가 만들어지죠. 변이의 개수는 바이러스의 개수에 비례하니 변이 또한 많아질 수밖에 없습니다. 또 변이가 많을수록 개체에 유리한 변이도 증가하니 진화의 속도가 떠 빨라집니다. 이렇게 1년 정도 감기가 유행하고 나면 1년 전의 감기 바이러스와는 전혀 성질이 다른 바이러스가 주된 존재가 되죠. 그러면 1년 전에 만든 백신은 무용지물이 됩니다. 그래서 바이러스가 주된 감염체인 질병의 경우 매년 새로운 백신을 만들 수밖에 없습니다. 코로나19나 독감의 경우 그래도 매년 만들 필요가 있으니 어떻게든 백신을 개발하지만 감기는 이런 수고를 하기에 비용이나 인력이 너무 많이 들어가니 백신을 만들지 않는 겁니다.

감기 바이러스가 약해진 이유

그럼 감기 바이러스는 원래부터 순해서 걸려도 큰 부작용 없이 낫고 코로나19나 독감은 독한 녀석이라서 사망률도 높고 부작용도 심한 것일까요? 그렇지는 않습니다. 바이러스의 생태와 진화를 살펴보면 이는 일종의 필연적인 과정임을 알 수 있습니다. 감기 바이러스도 초기에는 아주 독한 존재여서 한 번 감염되면 아주 아프고 죽는 경우도 많았을 겁니다.

그런데 바이러스는 좀 독특합니다. 다른 생물의 몸속에 들어가 감염을 일으키기 전에는 완전히 무생물처럼 존재합니다. 단백질 결정에 쌓인 DNA나 RNA일 뿐이죠. 밖에서 오래 살아남을 수도 없습니다. 앞서 단백질 결정은 굉장히 약하다고 했죠? 이런 얇은 외피만 두른 바이러스는 대기 중에서 자외선 등에 의해 쉽게 파괴됩니다. 한 사람에게 감염된 바이러스가 다른 사람에게 옮아가지 않으면 그냥 사라지는 거죠.

감기에 걸린 사람은 기침을 자주 합니다. 바이러스가 호흡기를 자극하기 때문입니다. 기침을 할 때 바이러스는 입을 통해 바깥으로 나갑니다. 그래야 다른 사람에게 퍼질 수 있죠. 바이러스가 똑똑해서 이런 전략을 펼치는 것은 아닙니다. 여러 종류의 바이러스가 처음에 존재했을 터인데 그중 호흡기에 자극을 주는 변이를 가진 바이러스도 있었겠죠. 이 바이러스가 기침을 유발해서 다른 사람에게 옮아가기가 쉬웠습니다. 자연히 다른 바이러스보다 더 많이 퍼질 수밖에 없죠. 감기나 독감, 코로나19에 걸린 사람이 기침을 자주 하게 되는 건 진화를 통해 이런 바이러스가 많이 살아남았기 때문입니다. 또 바이러스에 감염되면 설사를 하게 되는 경우도 많은데 이 또한 마찬가지입니다. 설사를 통해서도 퍼져 나가는 거죠.

또 하나 바이러스는 RNA나 DNA 같은 유전자를 가지고 있지만 스스로 이런 유전자를 복제해서 새로운 바이러스를 만들지는 못합니다. 좀 어려운 말로 물질대사를 하지 못합니다. 워낙 간단한 구조에다 가진 것이 없기 때문이죠.

사람의 세포 안에는 DNA를 RNA로 복사하고 RNA로 단백질을 만드는 세포 소기관과 효소가 있습니다. 바이러스는 이런 인간 세포가 가진 도구와 재료를 이용하죠. 바이러스는 일단 사람 몸속에 들어가면 세포 안으로 파고들어 자신과 똑같은 바이러스를 불과 하루 이틀 만에 가능한 많이 만듭니다. 하지만 하나의 세포 안에서 만들 수 있는 개수는 한계가 있어 수백 수천 개의 복제된 바이러스는 그 세포를 터트리고 바깥으로 빠져나갑니다. 이들은 주변의 다른 세포로 침투하죠. 이제 수백, 수천 개의 세포가 바이러스에 감염됩니다. 이런 과정이 반복되면서 감염된 사람의 세포가 파괴됩니다.

바이러스 입장에서도 곤란한 점이 있습니다. 너무 빠르게 세포가 파괴되면 감염된 사람은 죽을 수밖에 없습니다. 또 죽지 않더라도 너무 고통스럽고 아프니까 움직이질 않습니다. 다른 사람에게 건너갈 기회가 사라지는 거죠. 그래서 아주 강력한 바이러스는 오히려 감염력이 약합니다.

아프리카에는 에볼라 바이러스라는 아주 강력한 바이러스가 있습니다. 걸리면 며칠에서 길어도 한 달 이내에 60%가 죽습니다. 무시무시하죠. 그런데 이 에볼라는 한 번 발병하면 마을 안에선 순식간에 번져 나가지만 그 바깥 지역으로는 잘 퍼지지 않습니다. 너무 강력해서 멀리 퍼지기 전에 다들 사망하거나 쓰러지기 때문입니다. 바이러스 입장에선 감염된 인간이 일종의 이동 수단인데, 움직이질 않으니 당혹스럽죠.

하지만 바이러스가 오랫동안 여기저기서 사람을 감염시키다 보면 변이가 나타나게 마련입니다. 변이 중에는 증식 속도가 느린 경우도 있겠죠. 증식 속도가 느려지면 어떻게 될까요? 바이러스에 감염된 사람이 처음에는 큰 증상을 느끼지 못해 이전과 마찬가지로 외부 활동을 합니다. 이 과정에서 다른 사람에게 바이러스를 옮기게 되겠죠. 증식 속도가 느린데 오히려 더 많은 사람을 감염시키고 더 멀리 퍼집니다.

바이러스 증식 속도가 느릴 때

바이러스 증식 속도가 빠를 때

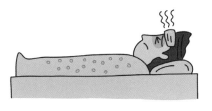

또 바이러스는 번식 과정에서 독성 물질을 만들기도 하는데, 독성 물질을 적게 만들거나 독성이 약한 물질을 만드는 변이가 생기면 어떻게 될까요? 이 경우에도 사람은 증상이 약하니 외부 활동을 자주 하게 되어 더 많이 퍼집니다. 감기 바이러스도 이런 과정을 거쳐서 지금처럼 독성이 약한 바이러스로 진화했습니다.

더 잦아지는 감염병

2019년에 발생한 코로나19 바이러스는 우리에게 여러모로 고통스러운 시간을 겪게 했습니다. 코로나19 바이러스는 어떻게 나타난 걸까요? 아직 정확한 경로는 밝혀지지 않았지만 다른 포유류에 있던 바이러스가 인간에게 옮겨진 것만은 분명해 보입니다. 코로나19 바이러스뿐만이 아니죠. 지난 20년 동안 우리를 위협했던 바이러스 감염병은 대부분 다른 동물로부터 전해진 것입니다. 이런 감염병을 인수 공통 감염병이라고 합니다. 인간과 동물 모두를 감염시킨다는 뜻입니다. 에볼라도 아프리카의 영장류로부터 옮은 것으로 보이고, 조류 인플루엔자는 철새에서 옮았습니다. 사스(SARS: 중증 급성 호흡기 증후군)는 중국의 사향고양이로부터, 메르스(MERS: 중동 호흡기 증후군)는 박쥐와 낙타로부터 옮은 것으로 알려져 있습니다.

이들 바이러스를 가지고 있던 다른 동물들은 인간처럼 심각한 증상을 보이지 않습니다. 앞서 이야기한 것처럼 오랜 시간이 지나면서 바이러스의 독성이 해당 동물에겐 크게 영향을 끼치지 않게 진화했기 때문입니다. 그리고 해당 동물도 진화합니다. 이 바이러스에 대한 면역 체계가 강화된 것이죠. 이런 동물은 바이러스를 보유하고 있어도 일상생활을 하는 데 큰 불편이 없지만 인간에게 바이러스가 노출되면 심각한 문제가 일어날 수 있습니다. 코로나19가 대표적인 예입니다.

사람들 사이에서 비슷한 일이 일어난 적도 있습니다. 스페인 사람들이 처음 아메리카 대륙을 침략했을 때였습니다. 유럽에는 아주 예전부터 천연두가 유행했습니다. 수천 년을 그렇게 살았으니 스페인 사람들은 천연두에 대한 면역이 있었죠. 더구나 천연두는 어릴 때 약하게 앓고 나면 천연두 바이러스를 계속 가지고 있어도 아무런 증상이 없습니다. 하지만 스페인 사람들이 오기 전 아메리카 대륙에는 천연두 바이러스가 아예 없었습니다. 스페인 사람들에 의해 천연두가 삽시간에 잉카 제국 사람들에게 퍼져 나갑니다. 스페인이 불과 몇백 명의 군사만으로 잉카 제국을 정복할 수 있었던 이유가 여기에 있습니다. 그들의 무기보다도 급속히 퍼진 천연두 때문에 잉카 제국은 스페인의 침략에 대응할 수 없었습니다.

그런데 다른 동물로부터 옮긴 감염병 유행이 20세기에 비해 21세기에 더 잦아지고 있습니다. 20세기에 새로 나타난 인수 공통 감염병은 에이즈나 에볼라 등 서너 개에 지나지 않습니다. 100년 동안 서너 개였으니 30년에 한 번 꼴로 등장한 거죠. 하지만 21세기 들어서는 앞서 이야기한 사스, 메르스, 조류 인플루엔자, 코로나19까지 20년 사이에 네 종이 새로 등장했습니다. 5년에 하나 꼴입니다. 왜 이렇게 잦아진 걸까요?

대부분의 인수 공통 감염병은 주로 열대 우림 지역에서 유래합니다. 이곳의 생물 다양성이 다른 지역에 비해 훨씬 높기 때문입니다. 간단히 말해서 열대 우림 지역에는 다른 지역보다 훨씬 많은 종류의 생물이 살고 있습니다. 육지에 사는 동물 중 절반 정도가 이 지역에 살 정도죠. 당연히 각 생물이 가진 세균이나 바이러스도 많을 수밖에 없습니다. 보통 이들은 열대 우림에만 살고, 인간은 열대 우림에 잘 들어가지 않으니 서로 접촉할 일이 별로 없죠. 하지만 세상이 바뀌었습니다.

먼저 기후 위기입니다. 지구 전체 온도가 올라가면서 예전에는 열대가 아니었던 지역이 열대 기후로 바뀌고 있습니다. 다른 열대 우림에 살던 동물들이 이런 지역으로 이동합니다. 감염병을 옮길 수 있는 지역이 늘어나는 거죠.

두 번째로는 열대 지역의 인구 증가입니다. 열대 지역은 주로 저개발 국가입니다만 지난 몇십 년 사이 조금씩 경제가 발전하면서 인구가 대폭 늘었습니다. 사람이 늘어나니 도시도 확대되고, 경작지도 늘어납니다. 열대 우림과 인간이 사는 곳 경계가 허물어지고 접촉면이 넓어진 거죠. 자연스럽게 동물의 감염병 병원체가 사람에게 옮기는 일이 자주 발생합니다.

세 번째로 세계화를 들 수 있습니다. 물론 20세기에도 전 세계 사람들은 활발하게 교류했지만, 교류 대부분이 선진국과 개발 도상국을 중심으로 이루어졌습니다. 저개발국이었던 열대 지역과의 교류는 이에 비하면 아주 적은 편이었습니다. 그런데 열대 지역의 저개발국이 개발 도상국이 되고 이들 지

역에 새로 공업 단지가 들어서면서 말 그대로 세계 전체의 교류가 활발해졌습니다. 이제 감염병이 전 세계로 퍼지는 데 불과 며칠이면 될 정도가 되었죠.

인구 자체도 많이 늘었습니다. 20세기 말에는 전 세계 인구가 40~50억 명이었는데 2022년이 되면서 80억 명이 넘었습니다. 거의 두 배 가까이 늘어난 거죠. 인구가 증가하니 도시에 사는 사람들의 비율도 높아집니다. 현재 전 세계 인구의 76%가 도시에 삽니다. 농촌이나 초원 지대는 인구 밀도가 낮으니 감염병이 퍼지는 속도가 느립니다. 하지만 인구 밀도가 높은 도시는 감염병 전파 속도가 훨씬 빠르죠. 전 세계가 도시화되면서 감염병이 빠르게 퍼질 환경이 마련되어 초기에 막을 수 있던 감염병도 손 쓸 새 없이 유행합니다.

생물이란 무엇일까?

앞서 바이러스는 생물과 무생물의 경계에 있는 존재라고 했습니다. 그럼 생물이란 무엇일까요? 많은 사람이 이런저런 이야기를 하지만 사실 생물에 대한 확실한 정의는 없습니다. 생물학에서는 다만 이제껏 우리가 발견한 지구의 생물을 관찰하고 연구하면서 어떤 공통점을 가진 존재가 생물이라고 판단할 뿐입니다. 아직 지구 외의 장소에서 생물을 발견하지 못했기 때문에 우리가 내리는 정의는 '지구의 생물'에 대한 '지금까지 연구한 것에 한정된' 정의일 뿐이죠.

이 정의에 따르면 모든 생물은 세포로 이루어져 있습니다. 생물에 따라 핵이나 미토콘드리아의 유무 등 다소간의 차이는 있지만 모든 생물의 세포는 인지질로 된 이중막 구조와 DNA, 리소좀 등 모두 같은 형태를 가집니다. 이는 지구의 모든 생물이 최초의 생물이 진화한 결과로 생겼다는 증거이기도 합니다.

또 하나 모든 생물은 물질대사를 합니다. 생물이 자기의 생명을 유지하기 위해서는 에너지와 물질을 외부에서 들여오고 이를 통해 새로운 물질을 합성하는 등의 일을 해야 하는데 이 모든 과정에 효소가 관여합니다. 효소가 없다면 어떠한 물질대사도 일어나지 못하죠. 그리고 같은 역할을 하는 효소는 생물의 종류에 관계없이 다들 비슷한 형태와 구성 요소를 가집니다. 이를 통해서도 모든 생물이 진화한 결과라는 증거를 얻습니다.

세 번째로 모든 생물은 번식을 합니다. 자신과 비슷한 후손을 남기는 거죠. 물론 그렇지 않은 생물도 예전에 존재했을지 모르지만 후손을 남기지 않는 생물은 결국 사라지게 됩니다. 하지만 반대로 번식한다고 모두 생물인 건 아닙니다. 바이러스는 번식을 하지만 생물이라고 여기지 않습니다.

이 세 가지는 모든 생물이 가진 공통점으로 어떠한 예외도 없습니다. 그리고 생물이 가지는 특징이 몇 가지 더 있습니다. 먼저 생물 대부분은 진화합니다. 지구라는 환경이 끊임없이 변하기 때문에 그 변화에 적응하는 과정에서 진화가 이루어집니다. 또 하나 대부분의 생물은 생태계의 구성 요소입니다. 생산자, 소비자, 분해자 중 최소한 한 가지 이상의 역할을 수행하면서 생태계의 일원으로 참여하고 있습니다.

여러분이 생각하는 생물의 정의는 무엇인가요?

고양이와 개는 **왜** 성격이 다를까?

숲과 초원의 진화

고양이와 개

　인간과 가장 가까운 동물로는 고양이와 개를 들 수 있습니다. 소, 돼지, 닭도 친숙하지만 고기나 달걀, 우유와 같은 목적으로 키우는 경우가 많으니 반려동물이라 불리는 고양이, 개와는 좀 다릅니다. 고양이와 개는 사람과 잘 어울려 살지만 자세히 살펴보면 성격이 퍽 다릅니다. 사람과 개가 같이 다니는 건 흔하게 볼 수 있어도 고양이와 산책하는 건 뉴스에 나올 정도로 특별하죠. 또 개는 인간을 굉장히 많이 따릅니다. 밖에 나갔다 들어오면 뛰어와서 안기고, 꼬리를 흔들며 주변을 맴돕니다. 거실 소파에 앉으면 옆에 찰싹 달라붙어 혀로 뺨을 핥고, 머리를 기대기도 하면서 스킨십을 즐기죠. 반면 고양이는 데면데면합니다. 집에 돌아와도 고개를 돌려 한번 흘깃 보고 말거나 안으려 들면 슬쩍 도망갑니다. 사료를 줄 때나 겨우 오죠. 개는 보호자가 버리지 않는 이상 자기가 사는 곳을 떠나는 경우가 별로 없지만 고양이는 창문이나 문이 열려 있으면 나가서 아예 돌아오지 않는 경우도 많습니다. 동네에서 길냥이는 자주 봐도 길개는 보지 못하는 이유입니다.

물론 고양이 중에도 개냥이라 불릴 정도로 보호자와 친근하게 지내는 녀석이 있고 개 중에도 데면데면한 녀석이 있지만, 전반적인 성격은 이렇듯 완연히 다릅니다. 둘의 성격이 다른 건 이들이 인간과 같이 살기 전부터 오랫동안 거쳐 온 진화의 결과입니다.

개의 선조는 늑대입니다. 주로 아시아의 초원 지대나 그보다 더 북쪽에 살았던 동물이죠. 다들 알다시피 늑대는 육식 동물입니다. 주로 자기보다 체구가 큰 들소나 양, 염소, 순록 등을 사냥하며 살아갑니다. 이들이 자신보다 덩치가 크거나 비슷한 동물을 사냥하게 된 것은 그들이 살았던 장소가 온대의 초원이거나 침엽수림 지역이었기 때문입니다. 이런 곳은 동물의 개체 수 자체가 열대 우림이나 온대 숲에 비해 적습니다. 거기다 겨울이 오면 그나마 있던 동물도 모두 겨울잠을 자러 굴로 들어가 버리니 사냥하기가 쉽지 않습니다. 그래서 선택한 대상이 대형 초식 동물입니다. 대형 초식 동물은 대부분

떼를 이루고 있습니다. 자연히 혼자서는 사냥에 나설 엄두가 나지 않죠.

무리를 이룰 때 가장 중요한 건 위계질서가 잘 잡혀야 한다는 겁니다. 효율적인 사냥을 위해선 무리 전체가 일사불란하게 움직여야 하니 우두머리의 역할이 중요합니다. 우두머리를 중심으로 나머지 무리가 자기가 맡은 역할을 충실히 해야 하고요. 이들의 서열 관계는 엄격합니다. 물론 능력이 없는 늑대가 우두머리가 되면 망하니 자기들끼리 서열을 놓고 치열한 경쟁을 하죠. 그러다 서열이 정해지면 그를 정확히 지킵니다. 서열을 지키지 않는 늑대는 무리에서 쫓겨나고요. 사냥한 결과물 또한 무리 전체가 공평하게 나눕니다. 사냥에 참가한 늑대가 가장 먼저 고기를 먹긴 하지만 자기 욕심만 채우진 않습니다. 아직 어린 늑대나 다쳐서 사냥에 참가하지 못한 늑대에게도 먹이를 나누어 주죠. 이런 서열 관계와 집단 내 상호 존중이 사람과 같이 사는 개에게도 이어집니다.

개는 같이 사는 사람을 자기보다 높은 서열로 생각하기에 사람의 말을 잘 따릅니다. 가끔 개가 가족 중 특정인의 명령에 따르지 않는 경우가 있는데, 이는 그 사람이 자기보다 낮은 서열이라고 생각하기 때문이라는 주장이 있을 정도로 개에게 서열은 중요합니다.

반면 고양이의 선조는 들고양이인데 주로 숲에서 살던 동물입니다. 숲이란 곳은 나무도 우거지고 나무 아래 풀도 무성한 곳이죠. 이런 곳에선 초식 동물이든 육식 동물이든 무리를 지어 이동하기가 힘듭니다. 또 나무 사이의 비좁은 곳을 지나는 일이 많으니 덩치가 커도 움직이기가 쉽지 않습니다. 당연히 이런 곳에선 무리를 지어 사냥하는 것이 힘들죠.

들고양이는 무리를 짓지 않고 혼자 사냥합니다. 그러다 보니 덩치 큰 동물을 사냥하기는 쉽지 않습니다. 쥐나 토끼, 청설모 같은 자기보다 덩치가 작은 녀석을 주로 사냥하죠. 또 숲에 살다 보니 나무도 잘 탑니다. 개는 집에서도 높은 곳에 올라가지 못하지만 고양이는 캣 타워나 지붕에 올라가는 모습을 흔히 볼 수 있는 이유죠. 흔히 사람과 같이 양이나 소 떼를 모는 개의 모습과 달리 집 주변의 쥐나 비둘기를 사냥하는 고양이를 볼 수 있는 것도 이런 이유 때문입니다.

암컷 들고양이와 수컷 들고양이는 짝짓기 철에나 서로 만나고, 교배가 끝나면 대부분 다시 혼자 삽니다. 새끼는 암컷 혼자 키우는데 이때도 새끼가 사냥을 할 정도로 크면 바로 쫓아냅니다. 혼자 사는 게 체질인 건 후손인 고양이 또한 마찬가지입니다. 물론 인간과 같이 살면서 한 공간에 사는 것은 이전보다 많이 익숙해졌지만 여전히 자기만의 공간을 가지고 싶어하고, 사람과 항상 같이 있는 걸 못 견뎌합니다. 그래서 창문이 열려 있으면 탈출했다가 집으로 돌아오는 것을 잊고 길고양이가 되는 거죠.

들소와 사슴

요즘은 사슴을 직접 볼 수 있는 기회가 별로 없습니다. 동영상으로 보거나 가끔씩 고라니가 농작물을 먹었다든가, 로드킬 당했다는 뉴스로 접하는 게 전부입니다. 하지만 그림책이나 애니메이션에 등장하는 사슴을 보는 건 누구나 한 번쯤 경험하기 마련입니다. 가늘고 긴 다리와 목, 맑은 눈망울, 가볍게 껑충껑충 뛰는 모습. 사슴은 대형 초식 동물 중에선 가장 이쁜 모습을 하고 있습니다. 이런 사슴의 가장 가까운 친척은 소입니다. 덩치도 크고, 좀 둔해 보이는데 눈이 맑고 큰 건 사슴과 비슷합니다.

소와 사슴은 모두 발굽이 두 개인 우제류에 속합니다. 셋째 발가락과 넷째 발가락이 유독 커서 이 둘만으로 몸을 지탱합니다. 나머지 발가락은 퇴화되어 아주 조그맣지요. 우제류는 하마나 돼지, 낙타, 기린 등도 포함하는 아주 커다란 무리입니다만 그중에서도 사슴과 소는 진반추하목이라는 그룹에 속하는 아주 가까운 친척입니다. 진반추하목이란 한 번 삼킨 먹이를 다시 게워 내서 씹는 동물입니다. 흔히 반추 동물이라고 하는데 이런 동물은 위가 여러 개인 특징이 있습니다.

쉽게 말해서 소와 사슴은 아주 옛날 같은 조상이었다가 갈라졌다는 말입니다. 이들이 다른 모습으로 갈라진 계기는 무엇이었을까요? 반추 동물의 조상은 약 5000만 년 전에 진화했으며 숲에 사는 잡식성 동물이었습니다. 잡식성이란 풀도 먹고 열매도 먹고 작은 벌레도 먹었다는 뜻이죠. 잡식이라고 해도 주식은 나뭇잎이었습니다. 열매가 사시사철 열리는 것도 아니니 열매를 주식으로 할 순 없었고, 덩치가 있다 보니 벌레로 배를 채우는 것도 쉽지 않았기 때문이죠. 그런데 이들이 주식으로 삼는 나뭇잎은 소화가 잘되지 않습니다. 일단 위에 저장했다가 다시 꺼내 천천히 씹어 삼키길 반복할 수밖에 없습니다.

반추 동물의 조상 중 일부는 숲에서 나와 초원에 살게 되었습니다. 소의 조상이죠. 무슨 이유였는지는 정확히 모릅니다. 기후가 변하면서 숲이 사라지고 대신 초원 지대가 되었을 수도 있고, 큰 불이 나서 숲이 타 버렸을 수도 있습니다. 어찌됐건 초원 지대에 살게 되면서 가장 먼저 변한 건 먹이입니다. 초원 지대니 나무가 별로 없고 대신 풀만 무성하죠. 자연스레 이들의 후손인 소도 풀을 먹고 삽니다.

먹이만 변한 게 아닙니다. 초원 지대로 나오면서 이들을 노리는 포식자와의 상황도 조금 바뀝니다. 앞서 '고양이와 개'에서 이야기한 것처럼 숲에선 혼자 사는 경우가 대부분입니다. 하지만 초원에선 그럴 수가 없습니다. 나무가 가려 주질 않으니 사자나 하이에나 같은 맹수가 멀리서도 한눈에 이들을 발견합니다. 모습이 완전히 노출되죠. 그래서 생존을 위해 들소가 택한 첫 번째 전략은 모여 살기입니다. 혼자 있다간 맨날 맹수들에게 잡아먹히니 먹이를 먹을 때도 쉴 때도 잘 때도 함께 모여 대항하기로 한 거죠. 그렇다고 맹수들과 싸우는 건 아니지만 모여 있으면 혼자 있을 때보단 당하는 확률이 낮아지니까요.

이들의 두 번째 전략은 덩치를 키우는 겁니다. 덩치가 크면 일단 싸워 볼 수 있습니다. 비슷한 이유로 초식 동물 중 덩치가 가장 큰 코끼리, 기린 등은 모두 초원에 사는 동물들이죠. 처음부터 덩치가 컸던 것이 아니라 초원에서 포식자와 상대하다 보니 덩치가 커진 겁니다. 들소는 포식자가 덤벼들면 새끼를 가운데 두고 바깥에는 건장한 어른 소들이 둘러쌉니다. 어른 소들의 덩치는 사자의 서너 배에 달하니 몸으로 부딪치기

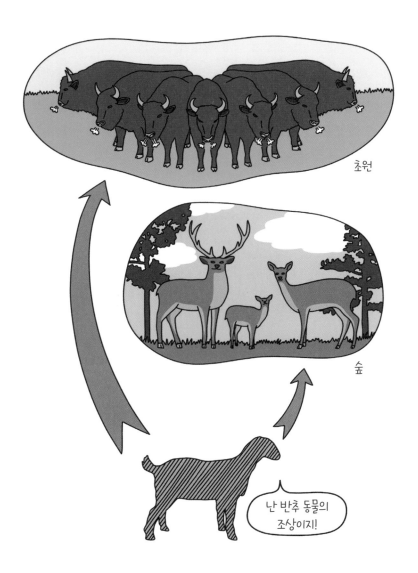

초원

숲

난 반추 동물의
조상이지!

만 해도 나가떨어집니다.

계속 숲에서 살던 반추 동물은 진화를 통해 사슴과 같은 모습이 됩니다. 긴 다리, 긴 목은 높은 곳의 나뭇잎을 뜯어 먹기에 안성맞춤입니다. 가느다란 몸매는 나무가 우거진 숲에서 이동하기에 딱 좋습니다. 덩치도 숲에 맞게 크지 않습니다. 우리가 상상하는 사슴의 모습이 된 거죠.

그런데 이런 사슴 중 일부는 나중에 다시 북극 근처로 이동해서 살게 됩니다. 시베리아나 북유럽이죠. 1년에 대여섯 달 이상 눈이 쌓여 있고 나무도 듬성듬성 있는 곳입니다. 이들은 사슴이지만 덩치가 커집니다. 늑대와 같은 무리의 공격으로부터 스스로를 방어하기 위해서기도 하고, 추운 겨울을 버티기 위해서기도 하죠. 같은 사슴이지만 털도 두껍고 몸집도 큰 순록이죠. 순록은 또 들소와 마찬가지로 무리를 이루고 삽니다. 눈 덮인 벌판에서 늑대의 공격으로부터 살아남기 위해선 어쩔 수 없는 선택입니다.

아주 세심한 분은 여기서 의문이 생길 수 있습니다. '어 난 다큐멘터리에서 아프리카 초원 지대에 사는 사슴을 봤는데?' 네, 반은 맞습니다. 아프리카 초원 지대에는 마치 사슴처럼 생긴 동물이 있죠. 영양입니다. 하지만 영양은 사슴이 아니라 소와 아주 가까운 사이입니다. 솟과(Bovidae)에 속하는 동물

사슴과 닮은 영양의 모습입니다. 영양뿐만 아니라 염소나 양도 솟과에 포함됩니다.

이죠. 영양도 초원에 적응한 동물입니다. 우선 아프리카의 영양은 들소처럼 집단을 이루어 삽니다. 초원에 사는 초식 동물의 필연적인 선택이죠. 또 하나 엄청 빠릅니다. 들소나 코끼리처럼 덩치로 사자를 위협할 수 없으니 빠르게 달려서 도망칩니다. 지구상 포유류 중 치타 다음으로 빠른 동물이 바로 영양입니다. 이들은 초원에서도 덩굴이나 관목이 비교적 많은 곳에서 살며 나뭇잎을 주로 먹기 때문에 목이 길고, 빠르게 달리기 위해 날렵한 몸매를 유지해서 사슴처럼 보이는 것입니다.

똥을 먹게 된 쇠똥구리

초원에 사는 초식 동물과 숲이나 산악 지방에 사는 초식 동물이 다른 점 중 재미있는 게 있습니다. 바로 똥입니다. 여러분 혹시 염소 똥을 본 적이 있나요? 까맣고 아주 작으며 단단해 보이는, 둥근 약처럼 생겼습니다. 사슴 똥도 마찬가지입니다. 숲에 살거나 산에 사는 초식 동물의 똥은 모두 이런 모양입니다. 반면 소똥은 전혀 다릅니다. 아주 무르면서 수분이 많고 특별한 모양이 없습니다. 소만 그런 것이 아니라 코끼리나 말처럼 초원에 사는 초식 동물은 모두 그렇습니다.

이 또한 이들이 살아가는 환경에 의한 차이입니다. 숲에 사는 동물들이 하루 중 가장 위험할 순간이 물을 마시러 갈 때입니다. 작은 연못이나 개천 혹은 강으로 갈 때 조심 또 조심합니다. 표범이나 호랑이가 이들을 노리기 때문이죠. 표범이나 호랑이는 물이 있는 곳 근처 길가에 숨어서 먹이를 노립니다. 나무와 풀이 무성한 곳에 몸을 숨기고 있거나 나무 위에 올라가 나뭇잎 사이에 숨어 있죠. 먹잇감이 물을 찾아 숲길로 나오면 순식간에 덮쳐 사냥을 합니다. 그러니 숲에 사는 초식 동물은 가능하면 물을 마시러 가는 일을 줄입니다. 먹이에서 수분을 최대한 흡수하며 버팁니다. 이들의 똥은 수분이 적어 단단할 수밖에 없는 거죠. 단단한 똥이 크기가 크면 배변이 쉽지 않으니 아주 작은 크기로 동글동글한 모양인 거고요. 또 숲에선 나무가 시야를 가리니 냄새가 중요합니다. 냄새를 풍기지 않아야 하죠. 그래서 숲에 사는 동물의 똥은 냄새도 거의 나질 않습니다.

반면 초원에 사는 초식 동물은 덩치도 크고 집단을 이루고 있습니다. 물을 먹으러 갈 때도 조심하기야 하지만 그렇다고 마냥 두려워하지도 않습니다. 강이 말라 버리지만 않으면 충분히 목을 축이죠. 굳이 수분을 아낄 이유가 없으니 똥에 수분이 아주 많고 무릅니다. 무르다 보니 따로 형태가 잡히지 않고, 변비 걱정 없이 충분한 양의 배설물을 내놓습니다. 이미 사자와 들소 양쪽 다 눈으로 지켜보고 있으니 똥에서 나는 냄새를 걱정할 일도 없죠. 냄새도 많이 납니다.

쇠똥을 먹이로 삼는 동물은 여럿 있는데 그중에서도 쇠똥구리가 대표적입니다. 쇠똥구리는 쇠똥을 다듬어 동그랗게 만듭니다. 둥글게 만 쇠똥을 뒷다리로 굴려 안전한 장소까지 가죠. 그러곤 쇠똥 안에 알을 낳습니다. 알에서 태어난 새끼는 쇠똥을 먹이 삼아 자랍니다. 쇠똥 안에서 자라니 천적에게 공격받지 않습니다. 여름철 뜨거운 햇빛도 쇠똥이 다 막아 주죠. 다 자란 다음 쇠똥을 깨고 나와 짝짓기를 합니다. 소보다

말이 많은 곳에서는 쇠똥 대신 말똥을 굴립니다. 그래서 쇠똥구리의 다른 이름이 말똥구리죠. 쇠똥구리는 소나 말의 똥은 먹이로 삼지만 염소나 사슴, 노루 똥은 굴리지 않습니다. 앞서 이야기했듯이 똥의 상태가 아주 다르니까요.

쇠똥구리는 원래 딱정벌레의 한 종류입니다. 이들이 쇠똥을 먹게 되기까지는 두어 차례의 진화 과정이 있었습니다. 원래 쇠똥구리의 선조는 식물의 줄기에서 수액을 빨아 먹고 살았습니다. 식물 줄기를 보면 바깥 표피층 안에 잎에서 만든 영양분을 뿌리로 전달하는 체관이 있습니다. 이 체관에 입을 박고 빨아 먹는 거죠. 줄기의 껍질 부분과 체관 벽을 뚫고서 수액을 빨기 위해 이들의 구기(口器: 곤충의 입 부분은 포유 동물의 입과는 구조와 기원에 차이가 있어 입이란 표현 대신 구기라고 합니다)는 마치 빨대처럼 진화했습니다. 지금으로부터 몇억 년 전의 이야기죠.

그 뒤 한 번의 반전이 생깁니다. 식물이 꽃을 피우기 시작한 거죠. 빨대처럼 생긴 구기는 꽃 안쪽 깊숙한 곳의 꿀을 빨기에도 적합한 구조입니다. 딱정벌레는 지구상에서 최초로 꿀을 빨기 시작한 동물입니다. 하지만 꿀을 그냥 놔둘 생태계가 아닙니다. 딱정벌레에 이어 나비, 벌, 파리, 모기도 꿀을 빨기 시작합니다. 날아다니는 곤충 사이에 경쟁이 벌어지죠.

자연은 항상 동일한 상태가 아닙니다. 비가 억수같이 퍼붓거나 아니면 가뭄이 들기도 하고, 화산 활동이나 지진이 일어나기도 합니다. 이런 과정에서 꽃이 덜 피면 곤충이 먹을 꿀도 찾기 힘들어집니다. 더구나 나무는 수액을 빨아 먹기 힘들게 바깥에 아주 딱딱한 껍질을 두르고 있습니다. 풀도 나름대로 자구책을 만들고, 꿀이나 수액을 빨아 먹는 곤충을 사냥하는 사마귀, 잠자리, 거미도 가만히 있질 않습니다.

먹이를 찾기 어려워지자 일부 곤충은 동물의 배설물을 빨아 먹는 쪽으로 다시 진화합니다. 파리, 딱정벌레, 나비가 빨대처럼 생긴 입으로 이 대열에 합류합니다. 수액에서 꿀로, 다시 똥으로 먹이가 변하면서 이들의 진화도 계속됩니다. 똥을 먹는 딱정벌레의 일부는 아예 똥을 굴려 동그랗게 만들고 그 안에서 새끼를 기르게 진화했습니다. 이들이 현재의 쇠똥구리입니다.

숲과 초원은
어떻게
다를까?

생물의 세계에선 환경이 중요합니다. 앞서 살펴본 것처럼 숲에 사는 동물과 초원에 사는 동물은 모습도, 덩치도, 사냥하는 법과 도망치는 방법도 달랐습니다. 그럼 숲과 초원이라는 생태계는 어떻게 형성된 걸까요? 다양한 요인이 있지만 아무래도 가장 큰 영향을 끼친 건 강수량입니다.

비나 눈이 많이 오는 곳은 땅에 물이 충분합니다. 이런 곳엔 숲이 들어섭니다. 적도를 중심으로 한 열대 우림 지역, 한대 침엽수림 지역이 대표적인 삼림 지역이죠. 반대로 비가 별로 오지 않는 곳엔 숲이 들어서기 힘듭니다. 아프리카 사하라 사막 아래 사헬 지역이나 사바나, 남아메리카의 팜파스, 중앙아시아의 초원 지대 등이 대표적입니다. 이런 지역을 나누는 것은 바람입니다. 북극 아래의 한대 지역에는 극동풍이 불고 열대 지역에는 무역풍이 부는데 이 바람에는 수증기가 풍부합니다. 반면 온대 지역의 편서풍은 습기가 적습니다. 물론 바닷가는 수증기가 풍부해서 숲이 많고 내륙 지역은 건조해서 숲이 없는 경우도 많습니다.

　같은 크기의 땅에서 자라도 풀에 비해 나무에 달린 잎의 개수가 훨씬 많습니다. 그래서 광합성 양도 굉장히 많죠. 광합성을 하려면 물이 필요하니 나무는 풀에 비해 물을 많이 씁니다. 물이 많이 필요한 나무는 가뭄이 일어나면 풀보다 힘들고, 건조한 날씨가 이어지면 아예 자랄 수가 없습니다. 건조 지역에 나무보다 풀이 더 많이 자라 초원이 형성되는 이유입니다.

　식물의 차이는 동물에게도 큰 차이를 만듭니다. 식물이 광합성을 많이 한다는 것은 동물에게는 그만큼 먹을 것이 풍족하다는 뜻입니다. 동물이 많아지죠. 개체 수도 많지만 종류도 다양해집니다. 반면 초원에선 동물의 먹이가 적습니다. 자연히 초식 동물의 수도 숲보다 적을 수밖에 없습니다. 다큐멘터리를 보면 아프리카의 사바나 초원에서 들소며 영양들이 떼를 지어 대지를 가득 메우는 모습이 있지만 사실 생물의 총량은 숲이 훨씬 많습니다. 다만 나무에 가려 보이지 않을 뿐이죠. 특히 열대 우림의 면적은 지구 전체 육지의 7% 정도에 불과하지만 육지 생물종 셋 중 하나가 사는 곳입니다.

숲을 가꾸고 보호해야 할 이유에는 무엇이 있을까요?

경쟁에서
밀려나도
살아남을 법을 찾다

패배자들의 진화
- - - - - - - - - - - - - - - - - - -

육지로 올라온 동물들

새벽에 뒷산을 오르다 보면 보이지 않는 무언가가 손이나 몸, 혹은 얼굴에 스칩니다. 거미가 밤새 쳐 놓은 거미줄입니다. 인간의 입장에선 성가십니다. 한편 기껏 곤충을 사냥하려고 친 줄을 낯선 인간이 망쳐 버리니 거미 입장에서도 화날 일이긴 합니다. 그런데 거미는 어떻게 거미줄을 치게 된 걸까요? 그리스 신화에 따르면 베를 아주 잘 짜던 여인 아라크네가 자기가 여신보다 더 베를 잘 짠다고 자랑하다 여신의 분노를 사서 거미가 되었다고 하지만 실제로는 무슨 일이 있었을까요?

지금으로부터 약 4억 년 조금 더 전에 식물이 육지에 자리를 잡습니다. 그러자 벌레도 땅 위로 슬근슬근 올라오기 시작하죠. 달팽이와 같은 연체동물, 지렁이 같은 환형동물, 그리고 절지동물도 뭍으로 오릅니다. 절지동물은 다리가 가는 마디로 되어 있고, 뼈가 없는 대신 겉을 딱딱한 껍데기로 감싸고 있는 동물의 무리입니다. 주로 다리 개수로 종류를 나눕니다. 다리가 세 쌍인 곤충, 네 쌍인 거미(정확히는 협각아문이라 합니다), 다섯 쌍인 갑각류, 그리고 다리가 셀 수 없이 많은 다지류로 나누죠. 우리 눈에는 다 거기서 거기로 보이지만 이들 간의 차이는 도마뱀 같은 파충류와 우리 인간, 코끼리 같은 포유류의 차이처럼 큽니다. 거미류에 속하는 동물로는 거미와 전갈 등이 있고, 갑각류에는 게, 새우, 쥐며느리 등이 속합니다. 다지류에는 지네나 노래기 등이 있고, 곤충에는 나비, 벌, 개미, 딱정벌레 등이 있습니다.

어찌됐건 이들은 인간의 조상인 사지형 어류가 육지에 오르기 한참 전에 뭍에 먼저 올라옵니다. 아주 큰 동물이 없던 시기 그들은 육지의 대표적인 동물이었습니다. 그중 거미는 주로 잡아먹는 쪽에 속했고, 곤충은 주로 먹히는 쪽에 속했지요. 물론 이런 관계는 지금까지 4억 년째 유지되고 있습니다. 사마귀나 말벌 등 거미를 잡아먹는 곤충도 있지만 거미가 잡아먹는 곤충에 비하면, 곤충에 잡아먹히는 거미의 비율은 아주 적습니다.

고생대 실루리아기 즈음의 일이었습니다. 육지에 처음 올라온 곤충들은 그저 땅 위나 얕은 풀 위에 살았습니다. 거미는 돌 틈이나 풀 사이에 숨어 있다가 덮쳐서 독을 주입하는 방법으로 사냥했습니다. 독거미뿐만이 아니라 대부분의 거미에겐 독이 있습니다. 다만 아주 독하진 않아서 사람에게 위험하지 않을 뿐이죠. 그러나 약한 독도 크기가 작은 곤충에겐 치명적입니다. 거미는 먹잇감이 나타나면 잽싸게 독으로 제압합니다. 곤충이 독에 의해 기절하면 이제 몸속에 소화액을 주입합니다. 소화액이 곤충의 내부를 녹이면 빨아 먹죠.

사람은 입으로 음식을 먹고 내장에서 소화액을 뿜어 소화시키는 방식이라 다른 동물도 먹이를 먼저 섭취한 뒤 소화시킨다고 생각하지만, 사실 소화는 먹잇감에 소화액을 주입하는 것이 먼저였습니다.

단세포 생물 중 다른 단세포 생물을 잡아먹는 경우는 대부분 상대방의 몸 안에 소화 효소를 집어넣어 녹인 후 체액을 흡수합니다. 다른 곤충을 잡아먹는 육식 곤충도 상대방의 체내에 소화액을 주입하는 방식을 선호합니다. 먹잇감과 자신의 크기가 크게 차이 나지 않고, 특히 곤충은 껍데기가 딱딱한 외골격이라 씹거나 삼키는 것이 힘들기 때문입니다.

육지에 올라오는 동물의 숫자가 점차 늘자 곤충은 대책을 세워야 했습니다. 거미만이 아니라 전갈이나 지네의 선조들도 곤충을 사냥했기 때문입니다. 덩치가 큰 녀석들을 피해 곤충은 점차 나무 위나 키 큰 풀 위로 올라가기 시작합니다. 물론 모든 곤충이 올라간 건 아니지만 꽤 많은 곤충이 천적을 피해서 올라갔습니다. 그러자 거미도 마찬가지로 올라갑니다. 사냥감이 거기 있으니까요.

이때는 꽃이 피는 식물이 아직 나타나지 않았습니다. 따라서 꿀을 먹는 곤충도 없었죠. 그저 식물의 줄기에 구멍을 내고 수액을 빨아 먹거나, 잎을 갉아 먹는 것이 전부였습니다. 그러니 곤충은 먹이도 있고 천적을 피하기도 좋은 식물의 위쪽으로 올라간 것이죠. 거미도 따라 올라갔지만 아직 거미줄을 이용하지는 못했습니다. 장소만 바뀌었을 뿐 이전과 마찬가지로 사냥했습니다. 잎의 뒷면, 혹은 가지 뒤에 숨어 있다가 곤충이 나타나면 잽싸게 독을 주입했습니다. 그러나 거미줄로 사냥은 하지 않았지만 거미줄 자체가 없었던 것은 아닙니다.

우연히 바뀐 사냥법

곤충은 대부분 알을 낳고 나면 그냥 방치합니다. 애벌레가 좋아하는 잎의 뒷면에 알을 낳고는 떠나죠. 꽤 많이 죽기도 하고요. 거미는 다릅니다. 알을 등에 업고 다니거나 입에 물고 다닙니다. 알에서 부화한 새끼를 돌보기도 하죠. 아무래도 곤충에 비해서 알의 숫자도 적고, 개체 수도 적으니 그리 진화한 것입니다. 하지만 부화한 새끼들을 등에 지고 다니면서 사냥을 할 순 없어서 나무의 좁은 틈 사이에 둥지를 만듭니다. 새끼들을 집어넣고는 틈을 거미줄로 칭칭 감아 버리죠. 거미줄이 끈적거리는 것도 그 이유였습니다. 새끼를 먹으려고 덤벼든 녀석들이 끈적이는 실에 다리가 묶여 꼼짝할 수 없게 만드는 것입니다.

곤충이 천적을 피해 가장 얇은 나뭇가지가 있는 곳까지 가자 거미 중 일부도 곤충을 쫓아 생활 공간을 옮깁니다. 그런데 얇은 가지에는 새끼를 집어넣을 틈이 없습니다. 할 수 없이 가지가 갈라지는 곳에 새끼들을 놓고는 가지와 가지 사이를 거미줄로 엮으며 둥지를 만듭니다.

시간이 지나면서 거미에게 더 심각한 상황이 발생합니다. 나무나 긴 풀 위에서 생활하던 곤충 중 일부가 날기 시작한 것입니다. 처음에는 활공이었습니다. 곤충은 잎을 다 먹거나 거미가 접근하는 등의 상황이 발생하면 다른 풀이나 나무로 옮겨야 하는데, 땅으로 내려갔다가 다른 풀로 올라가는 건 위험합니다. 포식자들이 호시탐탐 노리고 있을 테니까요. 그래서 땅으로 내려가지 않고 바람을 이용해 활공하며 다른 나뭇가지나 풀로 이동합니다. 그런 곤충의 일부가 날개를 달고 날아다니기 시작했습니다.

거미 입장에선 먹잇감이 줄어들었습니다. 물론 아직 날지 못하는 곤충도 있고 애벌레도 있지만 먹잇감이 줄어들면 경쟁이 치열해집니다. 거미도 날면 되지 않을까 하고 생각할 수도 있습니다. 그러나 거미는 태생이 곤충과 다릅니다.

곤충은 원래 물속에 있을 때 아가미로 호흡했습니다. 육지로 올라오면서 필요가 없어진 아가미가 퇴화한 거죠. 그러다 활공하기 시작하면서 가슴 부위에 흔적 기관으로 남아 있던 아가미가 점점 넓어지다가 날개가 되었습니다. 아가미를 움직이던 근육도 날개를 움직이는 근육으로 바뀌었죠. 곤충과 달리 거미는 머리, 가슴, 배로 나뉘지 않고 머리가슴과 배 두 부분으로 나뉘어 있습니다. 더구나 호흡도 아가미가 아닌 서폐라는 기관으로 합니다. 곤충 흉내를 내고 싶어도 그럴 수가 없는 거죠. 독으로 곤충을 제압하고 소화액을 뿜어내서 체액을 빨아 먹는 것도 날아다니면서 하기에 적합하지 않습니다.

이때 돌연변이가 빛을 발합니다. 거미가 가지 사이에 새끼를 두고 거미줄을 엮을 때 면적은 굳이 넓을 필요가 없습니다. 새끼가 있을 공간만 확보한다면 거미줄을 덜 쓰는 편이 에너

지가 절약되고 시간도 줄어드니까요. 그러나 일부 거미는 돌연변이에 의해 그 면적이 조금 넓었습니다. 불리한 돌연변이지만, 곤충이 날아다니기 시작하자 상황이 바뀝니다. 조금 더 넓게 친 거미줄에 날아다니던 곤충이 제 발로 찾아와 걸리는 거죠. 거미줄을 넓게 치는 게 더 유리해집니다. 고생대 데본기 때의 일입니다.

거미줄을 보다 넓게 치기 시작하면서 거미들에게도 변화가 일어납니다. 거미줄은 원래 등 쪽 끝에 있던 방적 돌기라는 곳에서 만들어집니다. 거미줄을 좁게 칠 때는 등 쪽에 있는 것

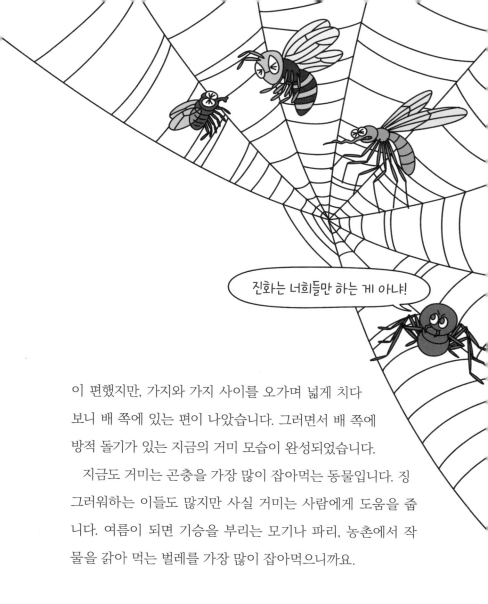

진화는 너희들만 하는 게 아냐!

이 편했지만, 가지와 가지 사이를 오가며 넓게 치다
보니 배 쪽에 있는 편이 나았습니다. 그러면서 배 쪽에
방적 돌기가 있는 지금의 거미 모습이 완성되었습니다.

　지금도 거미는 곤충을 가장 많이 잡아먹는 동물입니다. 징
그러워하는 이들도 많지만 사실 거미는 사람에게 도움을 줍
니다. 여름이 되면 기승을 부리는 모기나 파리, 농촌에서 작
물을 갉아 먹는 벌레를 가장 많이 잡아먹으니까요.

인간은 쫓겨난 존재

아주 먼 옛날 생물은 대부분 바다에만 살았습니다. 생물이 지구상에 처음 등장한 시기는 과학자마다 조금씩 견해가 다르지만 대략 38억 년 전으로 보고 있습니다. 그런데 육지에 생물이 등장한 것은 지금으로부터 약 4억 년 전의 일입니다. 34억 년 동안 생물은 바다에만 살았던 거죠. 이들은 왜 육지에 올라온 걸까요?

식물은 우연히 진화했을 가능성이 큽니다만 동물의 경우는 다릅니다. 먼저 해안에 살던 동물 이야기를 해 보겠습니다. 해안에는 하루에 두 번 밀물과 썰물이 일어납니다. 밀물 때는 잠겼다가 썰물이 되면 모습을 드러내는 곳을 조간대라고 합니다. 갯벌이 대표적이죠. 이런 곳은 바다 생물이 살기에 썩 좋지 않습니다. 물고기를 비롯한 많은 바다 동물은 아가미로 호흡하는데 썰물에 땅이 드러나 버리면 호흡을 할 수가 없습니다. 되도록 조간대로 가지 않는 게 좋겠죠. 하지만 평화로워 보이는 바다가 사실 치열한 경쟁의 장소입니다. 초식 물고기는 해초를 두고 경쟁하고, 작은 물고기는 플랑크톤을 두고 경쟁합니다. 경쟁에서 어떤 이유로든 패배한 쪽은 사라지거나, 아니면 경쟁이 덜한 곳으로 밀려나기 마련이죠. 조간대는 경쟁

망둑어의 지느러미는 갯벌에서 기어다니기 쉽게 진화했습니다.
가슴지느러미가 마치 물개의 지느러미를 닮았습니다.

에서 밀린 동물들이 도착한 일종의 유배지였습니다.

조간대에 도착한 생물은 조개, 게, 낙지, 물고기 등 다양합니다. 이들은 조간대에서 살아남기 위해 두 가지 형태로 진화합니다. 하나는 갯벌에서 흔히 보이는 모습으로, 흙 속에 숨는거죠. 갯벌에서 생태 체험을 하면 흙을 뒤져 조개를 캐고, 게나 낙지를 잡는 걸 볼 수 있습니다. 가끔은 흙 속에서 물고기가 튀어나오기도 하고요. 물이 빠져도 흙은 아직 물을 머금고 있으니 흙 속에서 호흡할 수 있고, 또 땅 위에서 사냥하는 바닷새나 다른 천적으로부터 몸을 숨길 수도 있습니다.

또 다른 진화는 공기 중에서도 호흡하거나 호흡을 장시간

참는 형태입니다. 망둑어가 대표적입니다(보통 망둥어라고 하지만 정식 명칭은 망둑어 혹은 망동어로 씁니다). 망둑어는 아가미에 물주머니를 가지고 있습니다. 갯벌 위를 다닐 때는 물주머니에 있는 물을 조금씩 아가미에 흘려 호흡을 하죠. 물주머니의 물이 다하면 바닷물이 있는 곳으로 가서 다시 물을 보충하며 생활합니다.

다음으로 민물로 진출한 동물 이야기를 해 보죠. 그냥 바닷물에 살다가 민물로 간 게 뭐 대단한 거냐고 생각할 수 있지만 당사자 입장에선 이 또한 쉬울 리가 없습니다. 바닷물에는 다량의 소금이 녹아 있습니다. 바다에 살던 생물은 이런 염분 농도에 적응한 상태죠. 민물로 가서 염분 농도가 낮아지면 세포와 혈액으로 물이 들어와 팽창하게 됩니다. 우리가 바닷물을 많이 마시면 죽는 것처럼 바닷물에 사는 동물도 민물에 넣으면 죽습니다.

그럼 왜 이들은 민물로 이동한 걸까요? 이 또한 경쟁의 결과라 볼 수 있습니다. 자기가 원래 살던 곳에 잘 적응해서 살던 동물이 굳이 무리해서 거처를 옮길 리가 없습니다. 하지만 경쟁에서 뒤쳐진 동물은 다른 곳에서 삶을 도모할 수밖에 없죠. 처음부터 바로 민물로 간 건 아닙니다. 강물이 바다로 흘러 들어가는 하구 부근은 같은 바다라도 염분 농도가 낮아서 근처로 오는 동물이 처음에는 별로 없었습니다. 마치 저지대에 살다가 산소가 부족해서 숨이 가빠지는 고산 지대로 일부러 가는 일이 없는 것처럼 말이죠. 그러다 경쟁에서 패한 일부 바다 동물이 하구 부근에 살기 시작합니다. 염분 농도가 낮은 물에 차츰 적응하면서 진화가 시작되고요. 그런데 곧 하구 부근조차 경쟁이 치열해집니다. 이곳에서마저 경쟁에서 밀린 동물들은 다시 염분 농도가 더 낮은 곳, 즉 민물로 갈 수밖에 없습니다. 이 과정에서 많은 바다 동물이 민물로 진출합니다.

민물이라고 안심할 순 없습니다. 이곳에서도 경쟁이 끊이질 않습니다. 바다에서 패한 동물들이 계속 하구로 몰려들고, 하구에서 패한 동물들이 다시 민물로 오니까요. 민물에서의 경쟁은 강 아래쪽에서 위쪽으로 동물들이 진출하게 되는 계기가 됩니다. 조금씩 상류로, 상류로 영역을 넓혀 가죠. 하지만 강 상류로 가면 새로운 문제가 나타납니다. 상류는 물의 양이 적습니다. 물의 양이 적은 곳에선 물에 녹아 있는 산소 농도가 급격하게 변합니다. 가물고, 날이 더워지면 수중 산소 농도는 뚝뚝 떨어지죠. 호흡을 위한 대책이 필요합니다. 더구나 얕은 개천은 가물면 물이 마르고, 곳곳에 물웅덩이 정도만 남는 지역으로 바뀝니다. 이 물웅덩이에서 저 물 웅덩이로 계속 옮아갈 수밖에 없습니다.

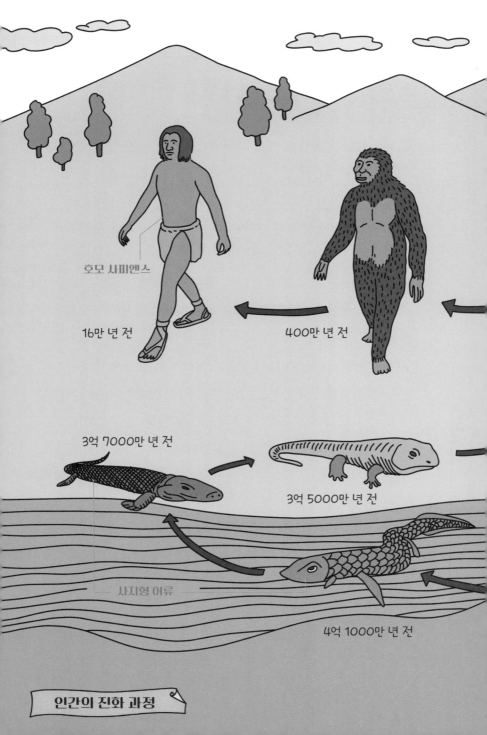

호모 사피엔스

16만 년 전

400만 년 전

3억 7000만 년 전

3억 5000만 년 전

사지형 어류

4억 1000만 년 전

인간의 진화 과정

900만 년 전

5000만 년 전

2억 6000만 년 전

9000만 년 전

4억 2000만 년 전

4억 6000만 년 전

5억 4000만 년 전

갯벌에서 망둑어가 그랬듯이 강 상류에서도 호흡 방법이 바뀌고, 지느러미가 변화되는 진화가 시작됩니다. 그 과정에서 일부 물고기는 폐를 만듭니다. 바다에서부터 긴 여행을 통해 물고기는 드디어 육지에 도달합니다. 일단 육지에 적응하기 시작한 조상 물고기는 이제 지느러미 대신 네 다리로 움직이며 낯선 육지에 새로운 생태계를 만듭니다. 쫓기고 쫓겨 육지에 도달한 그들이 바로 인간의 먼 조상입니다.

사해에서 에베레스트산 꼭대기까지, 북극과 남극에서 적도에
이르기까지, 바다 표면에서 1만 미터 아래의 심해까지, 동굴과 지
하 세계에 이르기까지 지구 표면 어디에서나 우리는 생물을 찾을
수 있습니다. 단순히 생물만 있는 게 아니라 어엿한 생태계를 이
루며 지구 전체의 일부로 존재하죠. 하지만 처음부터 그런 것은
아닙니다. 과학자들에 따라 조금씩 견해가 다르지만 처음 생겨
난 생명체는 바다에 살았습니다. 진화를 거듭하며 다양한 생물
이 출현해도 생활 공간은 여전히 바다에 국한되었죠. 그러던 생
물이 지금으로부터 4억 년 전쯤 육지에 움을 트기 시작했습니다.
육지에서도 처음 강물 주변에만 살던 생물이 지금은 저런 곳에
도 뭐가 있을까 싶은 데까지 어디든 존재합니다.

지구 전체가 생물로 가득 차게 된 데는 앞서 살펴본 것처럼 패
배자들의 몫이 큽니다. 생태계는 어디나 경쟁이 치열하죠. 경쟁
에서 이긴 동물은 그 부근에 터를 잡고 살 수 있지만 경쟁에서

진 생물은 다른 방법을 강구해야 합니다. 그 지역을 벗어나 새로운 곳을 개척해야 합니다. 패배자들의 목숨 건 노력이 마침내 지구 전체에 영향을 끼친 것이죠. 또한 패배자들의 노력은 끊임없는 진화를 통해 새로운 환경에 적응하며 다양한 모습으로 나타납니다. 지구의 생물 다양성 또한 패배한 이들의 피나는 노력의 결과물이라 하겠습니다.

인류도 마찬가지였습니다. 열대 우림에서 편안한 삶을 살던 인류의 조상은 열대 우림이 좁아지자 경쟁에 휘말립니다. 침팬지의 조상, 고릴라의 조상과 함께 인류의 조상은 열대 우림에서 살아남기 위해 최선을 다했을 겁니다. 하지만 더 이상 경쟁에서 이길 수 없자 숲을 벗어나 초원에 터전을 잡습니다.

초원에 살게 되면서 인류는 직립 보행을 하고, 털은 가늘고 짧아지고, 덩치는 조금씩 커졌습니다. 육식을 하고, 사냥을 하면서 두뇌도 점차 커졌죠. 그렇게 아프리카 초원에 자리 잡은 인류의 조상은 숲에서 살던 모습과는 완전히 달랐습니다.

무리를 지어 사냥하고, 천적과 싸우면서 불을 가지게 되고, 다시 말을 할 수 있게 변합니다. 인류 조상은 아프리카 초원을 장악합니다만 다시 경쟁에 휩싸입니다. 이번에는 같은 인류 조상끼리였죠. 이 경쟁에서 진 무리는 먼 길을 떠납니다. 아프리카에서 유럽으로, 아시아로, 낯선 땅에서 새 삶을 이룹니다. 중동에 자리 잡은 인류의 조상 중 일부는 다시 정든 땅을 떠나 인도로, 중앙 아시아로, 그리고 마침내 아시아의 끝 한반도에 이르게 됩니다. 인더스 문명, 황하 문명, 잉카, 마야 등 지구 곳곳에 존재하는 옛 문명은 동족과의 경쟁에서 패한 이들이 새로운 땅에서 얼마나 치열한 삶을 살았는지를 보여 줍니다.

진화의 세계에서 새로운 영역을 개척한 또 다른 패배자로는 누가 있을까요?

생태계는
어떻게
만들어졌을까?

최초 생물의 진화

미토콘드리아와 진핵생물

과학 시간에 생물은 크게 진핵생물과 원핵생물로 나눈다고 배웠던 것 기억하시나요? 세균처럼 세포 안에 핵이 없는 생물은 원핵생물이고 아메바나 사람처럼 세포 안에 DNA를 보관하는 핵이 있는 생물은 진핵생물이라고 하죠. 보통 두 생물의 가장 큰 차이를 핵의 유무라고 생각합니다. 그런데 진핵생물이 핵을 가질 수 있는 건 미토콘드리아라는 세포 내 소기관을 가지고 있기 때문입니다. 어찌 보면 진핵생물과 원핵생물의 가장 큰 차이는 미토콘드리아의 유무라고 해야 합니다. 미토콘드리아는 원래 독립적인 생물이었는데 다른 세포에 먹히면서 세포 내 소기관이 되었습니다. 이런 현상을 세포 내 공생이라고 하죠. 이 미토콘드리아가 하는 가장 중요한 일은 생물이 흡수한 영양분으로부터 ATP를 합성하는 일입니다.

생물은 살아가기 위해 여러 가지 일을 합니다. 먹이를 먹고, 소화도 시키고, 움직이고, 생각하고, 배설도 하고 번식도 하죠. 이 모든 일을 하기 위해선 에너지가 필요한데 생물은 에너지로 ATP를 씁니다. 예를 들어 우리가 살아가기 위해선 돈이 필요하죠. 편의점에서 삼각김밥을 사거나 버스를 탈 때도 돈을 냅니다. 반대로 돈을 벌기 위해 농민들은 쌀을 재배하고, 소를 키우고, 노동자들은 사무실, 공장에서 일을 하죠. 기업도 여러 상품을 만들어 팔면서 돈을 법니다. 이렇게 우리 생활 모두 돈을 중심으로 돌아갑니다. 마찬가지로 생물은 풀을 뜯고, 다른 생물을 잡아먹기도 하면서 영양분, 즉 에너지를 얻는데 이렇게 얻은 에너지를 모두 ATP로 바꿔야 자기에게 필요한 일을 할 수 있습니다. 세포의 세계에선 ATP가 돈 역할을 하는 셈입니다.

원핵생물은 섭취한 영양분을 ATP로 바꾸는 과정을 세포막에서 진행합니다. 이때 포도당 한 분자당 ATP가 3~4개 정도 생깁니다. 하지만 진핵생물은 세포 내 소기관인 미토콘드리아가 이 일을 담당하는데 ATP가 무려 34개나 생깁니다. 열 배나 더 많이 만들 수 있는 거죠. 같은 양의 영양분을 먹어도 열 배나 많은 ATP를 만들 수 있게 되자 할 수 있는 일이 늘어납

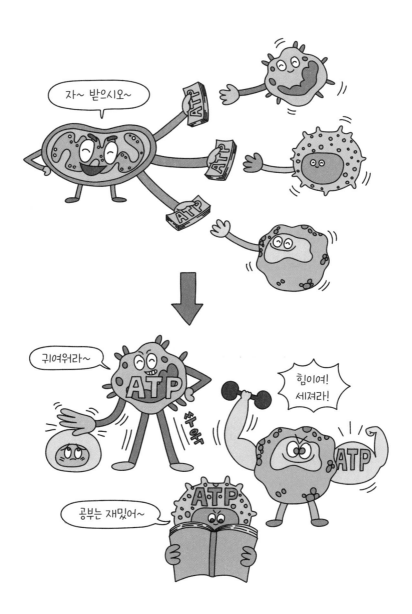

니다. 우선 세포 내 소기관을 다양하게 만들고, 핵도 만들죠. 여러 기관이 생기니 자연히 크기도 커집니다. 그러고도 ATP가 남으면 옆에 있는 다른 세포에게 나눠 줄 수도 있습니다. 즉 단세포 생물에서 다세포 생물로 진화가 가능해진 거죠. 지금도 원핵생물은 모두 단세포 생물이고, 다세포 생물은 모두 진핵생물인 것은 바로 ATP 생산 능력 차이 때문입니다.

사람은 음식을 먹으면 음식이 가진 에너지의 약 20~30%를 소화하는 과정에서 소비합니다. 단백질은 아미노산으로, 녹말은 포도당으로, 지방은 지방산과 글리세롤로 분해해야 하니 소화 효소도 내놔야 하고, 위며 소장 근육이 운동도 해야 하니까요. 그런데 원핵생물은 소화에 이 정도 에너지를 소비하고 나면 남는 게 없습니다. 고작 서너 개의 ATP를 만들 뿐이니까요. 그래서 원핵생물은 소화가 필요 없는 영양분만 섭취합니다. 단백질이 아닌 아미노산만, 녹말이 아닌 포도당만 흡수하는 식이죠. 소화에 들일 에너지도 부족한데 사냥할 에너지는 생각할 수조차 없습니다. 다른 먹잇감을 쫓고 잡아 죽이고 섭취하는 과정 또한 큰 에너지가 필요하니까요. 예를 들어 시급 1만 원짜리 알바를 두 시간 하러 KTX 타고 서울에서 전주를 왕복하는 꼴이라고나 할까요? 당연히 원핵생물은 다른 생물을 사냥하지 않습니다. 사냥이 없으니 먹이 사슬이나 먹이 연쇄, 먹이 그물도 없죠. 그러니 생태계도 있을 수가 없습니다.

하지만 진핵생물은 사냥이 가능해집니다. 앞과 비슷한 예를 들자면 시급이 1만 원인 일을 여섯 시간 하러 지하철 타고 30분 거리를 출퇴근하는 모양이라고나 할까요? 사냥이 시작되니 먹이 사슬이 생깁니다. 식물이 광합성을 통해 영양분을 만들면 초식 동물은 식물을 통해 영양분을 얻고, 육식 동물은 초식 동물을 사냥해 영양분을 섭취합니다. 생태계가 시작됩니다. 생태계의 가장 기본은 먹이 사슬이니까요. 현미경으로도 잘 보이지 않는 세포 내 소기관인 미토콘드리아가 등장하면서 아주 풍부한 다양성이 생기고, 상호 작용이 활발한 지구 생태계가 만들어집니다. 그리고 이런 변화는 진화를 더욱 빠르고 다양하게 일어나도록 만듭니다.

감각의 탄생

진핵생물이 등장했다고 바로 피가 튀고, 살이 뜯기는 사냥이 시작되진 않습니다. 진핵생물이 나타나고도 한참 동안 지구에서 생물이 존재하던 곳은 바다였습니다. 한동안 진핵생물 대부분은 그저 광합성을 해서 양분을 생산하거나 바닷물을 들이마시고 걸러 내면서 남은 유기물을 먹는 정도로 평화로운 생활을 보냈습니다. 하지만 지구 환경은 항상 변합니다. 바닷속이라고 다르지 않습니다. 해저 화산이 터지기도 하고, 대륙이 이동하면서 바다 기후도 변합니다. 더구나 지구 전체가 꽁꽁 얼어 버린 눈덩이 지구 사건도 두어 번 있었죠.

이런 과정에서 죽은 생물의 뒤처리를 담당하는 동물이 생겼습니다. 바다에선 생물이 죽으면 모두 밑바닥으로 떨어집니다. 그곳에 청소부가 있었던 거죠. 동물이 죽으면 일단 세균이 달려듭니다. 피부가 썩고 문드러지면서 내부 체액이 흘러나옵니다. 청소부 동물들은 힘들이지 않고 흘러나오는 체액을 빨아들여 영양분을 얻습니다. 이런 체액은 소화시킬 것도 별로 없으니 먹이를 얻고 소화시키는 과정에서 에너지를 손실할 일도 거의 없습니다. 다만 가만히 앉아서 기다리기만 해서는 얻을 수 있는 시체가 없습니다. 천천히 바다 밑바닥을 훑고 다녀야 합니다. 동물이 근육을 만든 이유 중 하나입니다. 그런데 같은 조건이면 시체가 어디 있는지 알고 찾아가는 것이 무작정 돌아다니는 것보다는 훨씬 유리하겠죠. 힘도 덜 쓰고요.

이번에는 감각 기관이 진화합니다. 눈보다 코가 먼저입니다. 바다 밑바닥은 대체로 빛이 부족하죠. 밤에는 아무것도 보이지 않습니다. 눈이 있어 봤자 별 소용이 없죠. 대신 썩어 가는 시체는 온갖 화학 물질을 바다에 퍼트립니다. 화학 물질 중 일부는 다른 동물도 체내에서 만드는 건데, 동물 세포에는 이런 화학 물질을 파악하는 일종의 센서가 세포막에 있습니다. 그래야 화학 물질의 양을 일정하게 조절할 수 있으니까요. 센서들이 머리 앞쪽에 밀집되면서 코가 만들어집니다(이런 센서를 가진 세포를 우린 후각 상피 세포라고 합니다).

우리가 콧구멍이 두 개인 것은 어느 쪽에서 냄새가 더 진하게 나는지 알기 위해 진화한 결과입니다. 이를 통해 냄새나는 물질이 왼쪽에 있는지 오른쪽에 있는지 방향을 아는 거죠. 옛날 코가 처음 진화를 통해 만들어졌을 때도 마찬가지입니다. 코를 가진 청소부는 더 진한 냄새가 풍기는 방향으로 몸을 움직여 사체를 찾아갑니다.

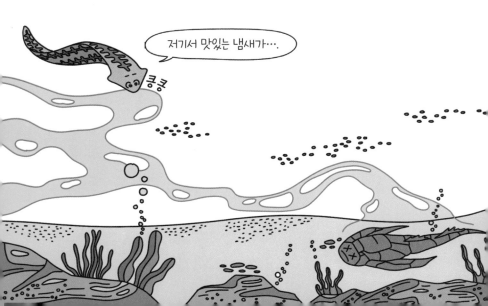

코가 진화한 다른 이유는 짝을 만나기 위해서입니다. 바다나 육지에 사는 동물 모두 짝을 찾기 위해 화학 물질을 내뿜습니다. 이런 화학 물질을 페로몬이라고 하죠. 몸 바깥으로 내놓는 호르몬이라고 볼 수 있습니다. 물론 동물이 처음부터 페로몬을 퍼뜨리진 않았습니다. 어떤 이유로 체내에 저장되어 있던 화학 물질을 몸 밖으로 배출하는 변이가 일어난 개체가 있었겠죠. 그런데 배출된 화학 물질 중 일부가 같은 종류의 개체에게 일종의 자극을 주게 되면서 짝짓기가 더 쉬워집니다. 이런 개체는 다른 개체에 비해 더 자주 짝짓기를 할 수 있고 자손을 많이 낳게 됩니다. 자연스럽게 페로몬을 내고, 또 그 페로몬을 맡을 수 있는 동물이 늘어납니다.

빛을 느끼는 세포를 가지게 된 것도 비슷한 과정을 거칩니다. 바다에서 광합성을 하는 플랑크톤은 빛이 비치면 수면 가까이 올라갔다가 해가 지면 다시 아래로 내려오길 반복합니다. 이런 식물성 플랑크톤을 먹고 살던 동물성 플랑크톤도 마찬가지로 위아래로 오르내릴 수밖에 없습니다. 동물성 플랑크톤 중 일부에게 빛을 느끼는 안점이 진화를 통해서 생깁니다. 안점은 단순히 빛을 느낄 뿐인 아주 원시적인 기관입니다. 그러나 이걸로도 충분합니다. 빛을 느낄 때 올라가고 느끼지 못

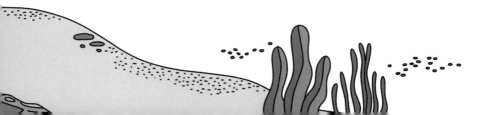

할 때 내려가면 되니까요. 동물성 플랑크톤뿐 아니라 다세포 생물 중에도 식물성 플랑크톤을 먹던 동물이 있었습니다. 이들 또한 처음에는 안점만 있었는데 일부 동물에게 여러 개의 안점을 가진 세포가 생기는 변이가 일어납니다. 빛에 대해 더 정확하게 반응하고 먹이를 찾는 데 유리하게 바뀐 거죠. 그리고 여러 안점을 가진 세포들이 머리 위쪽에 모이면서 눈이 만들어집니다(눈의 진화에 대해서는 뒤에 더 자세히 이야기하겠습니다).

피부 감각도 코와 비슷한 시기에 생겼을 것으로 보입니다. 바닷물의 압력, 화학 물질에 대한 느낌, 온도 변화와 같은 다양한 정보를 얻기 위해서죠. 몸 바깥 세계와 항상 접촉하는 피부가 이런 감각을 가지기에 가장 좋았겠죠. 물고기를 잘 살펴보면 몸 옆 가운데 긴 줄이 있는 걸 볼 수 있습니다. 이걸 옆줄이라고 하는데 여기에 피부 감각 세포가 모여 있어 물의 흐름, 온도, 물에 녹아 있는 여러 화학 물질을 파악합니다.

이빨과 갑옷

미토콘드리아가 생기고, 다세포 생물이 진화했다고 바로 생태계가 형성되지는 않았습니다. 조금 더 시간이 흘러야 했죠.

아주 옛날, 지금으로부터 5억 년도 더 전에 바다에서 새로운 변화가 일어납니다. 상상을 더해 보면 다음과 같은 상황이었을 겁니다.

바다 바닥을 기어다니면서 다른 생물의 사체를 빨아 먹던 청소부 동물 중 일부에 변이가 나타났습니다. 사체에서 흘러나온 체액을 빨아 먹던 입에 조금 딱딱한 부분이 생긴 거죠. 마치 우리도 피부 중 일부가 딱딱해질 때가 있는 것처럼요. 바다 밑바닥을 돌아다니면 죽은 생물 말고 살아 있는 생물도 만나게 마련입니다. 예전이라면 살아 있는 생물은 그냥 지나쳤을 겁니다. 하지만 입에 딱딱한 게 생긴 일부 동물은 다른 동물의 피부를 긁어 상처를 만들 수 있죠. 상처에서 흘러나오는 체액을 빨아 먹고요. 물론 사체에서 흘러나오는 체액을 빨아 먹을 때보단 에너지도 더 들어가고 빨 수 있는 양도 적으니 평소엔 별로 도움이 되지 않습니다.

바다 환경이 험하게 변하고 생물이 줄어들면서 상황이 달라집니다. 생물이 적으니 사체도 적겠죠. 예전엔 한 시간 돌아다녀서 한 마리 정도 사체를 발견할 수 있었다면 이제 서너 시간을 돌아다녀야 겨우 한 마리 발견합니다. 차라리 살아 있는 동물의 피부에 상처를 내고 체액을 빨아 먹는 게 유리해지죠. 그러자 입에 딱딱한 부분이 있는 동물들이 대세가 됩니다. 더 나아가 힘을 덜 들이고 짧은 시간에 상처 낼 수 있는 변이가 유리해지면서 이빨의 형태가 만들어집니다.

반면 공격을 당하는 입장에선 이처럼 억울한 일이 없습니다. 아무 짓도 안 했는데 느닷없이 다가와선 피부를 찢고 상처를 입히니까요. 방어하는 동물에게도 뭔가 도움이 되는 변이가 일어납니다. 먼저 피부가 아주 단단해집니다. 우리가 먹는 물고기는 대부분 비늘이 있죠. 일종의 갑옷입니다. 물론 다른 동물로부터 공격을 당하기 전에도 피부가 단단할 필요는 있었습니다. 바다 밑바닥의 모래나 자갈, 죽은 생물의 뼛조각 등으로부터 몸을 보호해야 했으니까요. 그러다 몸을 보호할 필요성이 커지면서 비늘은 더 튼튼한 방향으로 진화합니다.

게나 새우 같은 갑각류는 몸 전체에 아주 딱딱한 껍데기를 만듭니다. 이 껍데기의 주성분은 탄산칼슘입니다. 이산화탄소와 칼슘이 결합하면 만들어지죠. 동물은 모두 호흡을 통해 이산화탄소를 내놓고 바닷물에는 육지로부터 흘러 들어온 칼슘 이온이 녹은 채 퍼져 있습니다. 물에 사는 생물이라면 탄산칼슘으로부터 자유로울 수 없는 것입니다. 사람의 쓸개나 요도 등에 탄산칼슘 조각이 만들어지면 수술해서 제거하는 것처럼 다른 동물의 몸 안에도 딱딱한 탄산칼슘 덩어리가 생기면 문제가 됩니다. 그래서 대부분의 바다 동물은 탄산칼슘을 몸 밖

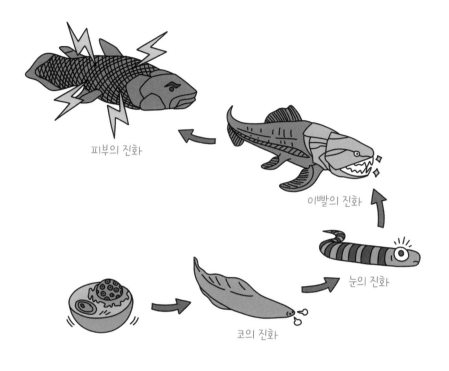

피부의 진화

이빨의 진화

눈의 진화

코의 진화

으로 배출해 왔습니다. 피부를 탄산칼슘이 감싸는 변이가 가끔 생기긴 했지만 이런 동물은 생존에 불리하니 금방 사라졌죠. 하지만 다른 동물의 공격이 잦아지자 오히려 몸 밖에 껍데기가 생기는 변이가 생존에 도움을 줍니다. 지금 우리가 보는 게, 새우, 조개, 전복 같은 생물이 탄산칼슘으로 감싼 딱딱한 껍데기를 갖게 된 거죠. 갑옷이 진화한 것입니다.

먹고 먹히는 관계(포식과 피식 관계)가 생기자 이빨과 갑옷 말고도 다양한 진화가 이루어집니다. 우선 감각 기관이 더 발달합니다. 먹는 쪽이나 먹히는 쪽이나 누가 더 빨리 상대를 발견하는지가 중요했으니까요. 물고기는 겉으로 드러난 귀는 없지만 머리 안쪽에 속귀가 있습니다. 물의 진동 소리를 듣고 누군가 다가오는 걸 아는 거죠. 그리고 눈도 코도 이전보다 훨씬 예민해집니다.

또 하나 운동 기관이 발전합니다. 사냥이 없던 시절에는 빠르게 움직이는 건 에너지를 낭비하는 일이었지만, 포식과 피식의 관계가 생기자 먹히기 전에, 반대로 피식자가 도망가기 전에 빠르게 다가가는 것이 생존에 더 유리하기 때문이죠. 어류의 선조는 피부의 일부가 지느러미로 변합니다. 게나 새우도 여러 개의 발을 만들어 잽싸게 움직이기 시작합니다. 이 과정에서 모습도 조금씩 달라지고요. 원래 문어와 오징어, 조개와 전복은 공통의 선조를 두고 있었습니다. 그러나 매번 사냥을 당하던 일부는 아주 딱딱한 껍데기를 둘러쓰는 방향으로 진화하고, 사냥을 하던 일부는 물속에서 빠르게 움직이는 방향으로 진화하면서 현재는 선조가 같다는 게 믿기지 않을 정도로 다른 모습을 가지게 되었죠.

포식과 피식 관계는 또 다른 변화도 가져옵니다. 나를 잡아

고생대 캄브리아기에 살았던 절지동물 중 하나인 오파비니아의 화석입니다. 20세기에 다양한 종류의 다세포 동물 화석이 발견되면서 캄브리아기가 관심을 받았습니다.

먹으면 너도 죽는다며 독을 체내에 품는 동물, 사냥을 잘하기 위해 독을 쓰는 동물도 생깁니다. 또 온몸에 가시를 돋워 잡아먹히지 않으려는 동물, 바다 밑바닥과 비슷한 색깔의 몸으로 사냥꾼을 속이는 동물 등 다양한 방식의 진화가 이루어집니다. 결국 쫓고 쫓기는 삶이 바다 생물 모두의 진화를 폭발적으로 이끌어 내면서 이전과는 완전히 다른 생물이 한꺼번에 나타나게 되었죠. 지금으로부터 약 5억 년 전 고생대 캄브리아기의 이야기입니다. 이를 캄브리아 대폭발이라고 부릅니다.

포식자가 지배자는 아니다

흔히 사자를 초원의 왕이라 부르지만 동물의 세계에선 왕이 따로 있지 않습니다. 비유라고 해도 인간의 왕과도 많이 다릅니다. 사자는 다른 동물을 지배하지 않기 때문입니다. 인간 세계에서 왕은 신하를 거느리고, 백성에게 세금을 걷고, 군대를 지휘합니다. 하지만 사자는 단지 다른 동물을 사냥할 뿐입니다. 평소에 하이에나나 침팬지에게 명령을 내리지도 않죠. 인간 사이의 차별 같은 것도 이들에게 존재하지 않습니다.

그런데도 이런 비유가 가능한 건 사자나 호랑이가 그 지역에서 가장 강한 동물이라는 선입견 때문입니다. 과연 그럴까요? 코끼리를 한 번 생각해 보죠.

코끼리는 덩치가 사자의 서너 배가 넘습니다. 고양잇과 동물이 대부분 그런 것처럼 사자도 초식 동물의 목덜미에 있는 경동맥을 물어 뇌로 가는 혈액을 차단하는 방법으로 사냥합니다(새끼 고양이들이 자기들끼리 놀 때 서로 목덜미를 무는 건 이런 사냥법을 익히는 것입니다). 하지만 다 자란 어른 코끼리는 사자가 뛰어올라도 목을 물기 힘들 정도로 덩치가 큽니다. 또 목이 굵기도 하고, 피부도 두껍죠. 결국 잡아서 넘어뜨려야 하는데 웬만해선 불가능합니다. 코끼리에게는 무기도 있습니다. 수컷 코끼리의 상아는 아주 위험합니다. 코끼리가 달려와 상아로 배를 찌르면 사자는 치명상을 입습니다. 상아가 없어도 덩치 자체가 무기라서 힘껏 달려와 부딪치면 중형 자동차에 치인 것 같은 충격을 받습니다. 게다가 거대한 발에 밟히기라도 하면 아무리 사자라도 죽기 십상이고요. 실제로 사자는 사냥을 하는 과정에서 코끼리에게 부딪히거나 상아에 찔려 꽤 많이 부상을 당하고 죽기도 합니다. 그래서 사자는 떼를 지어 사냥하며, 부상을 입은 코끼리나 아직 어린 코끼리를 노립니다. 도저히 초원의 제왕이라고 할 수 없는 일이죠.

꼭 코끼리에만 해당하는 이야기는 아닙니다. 아프리카의 들소 누(정확하게 소가 아니라 영양에 속하는 동물입니다. 다만 아프리카 초원 지대에서 누가 누리는 지위가 다른 지역의 들소와 같다 보니 들소와 비슷한 모습으로 진화했습니다)도 마찬가지입니다. 코끼리만은 못하지만 어지간한 소형차만 한 덩치를 자랑하죠. 머리에 난 뿔은 코끼리 상아보다 더 위험한 무기입니다. 뿔에 받히기라도 하면 아무리 사자라도 몇 미터 날아가 버리고 배나 가슴에 커다란 구멍이 납니다. 발굽에 밟혀도 위험하긴 마찬가지죠. 누와 싸우더라도 사자가 쉽게 이기지 못하는 이유입니다.

　인터넷 동영상을 검색해 보면 하마와 사자가 싸우는 장면도 나옵니다. 강가에선 아무리 사자라도 하마를 당해 내지 못합니다. 코뿔소도 마찬가지입니다. 어른 코뿔소는 사자의 대여섯 배 정도 큽니다. 그런 코뿔소 두어 마리가 접근하면 대여섯 마리의 사자도 자리를 비켜 주고 맙니다.

　결국 사자는 싸움을 잘하는 육식 동물이긴 하지만 정작 일대 일로 붙었을 때 항상 이기는 것도 아니고 가장 전투력이 높은 것도 아닙니다. 그렇다고 코끼리나 들소, 코뿔소가 사자를 사냥하는 일은 없습니다. 보통은 다들 사자를 피해 도망치죠. 이유는 아주 간단합니다. 사자는 덩치 큰 초식 동물을 먹이로 삼지만 초식 동물의 먹이는 나뭇잎이고 풀이기 때문입니다. 코끼리 소화 기관은 나뭇잎을 소화시키기 좋게 진화했고 고기를 먹으면 오히려 탈이 납니다. 코끼리 입장에선 먹지도 못하는 사자를 사냥해 봤자 아무런 이득이 없습니다. 사냥 중에 상처라도 생기면 오히려 생존에 위협을 받죠. 차라리 도망을 치다 정 안 될 때만 무리를 보호하기 위해 방어하는 것이 오히려 생존에 도움이 됩니다.

　그럼 사자는 어떨까요? 덩치를 키워 어른 코끼리나 들소도 마구 사냥할 정도가 되면 오히려 유리할 것 같지만 실제로는 정반대입니다. 덩치가 커지면 몸을 유지하기 위해 더 많은 에너지가 필요합니다. 더구나 커진 덩치로 사냥하려고 달리다 보면 에너지 소비도 늘어나죠. 항상 사냥에 성공하는 건 아니니 한 번 실패하면 체력 소모가 커서 생존율이 낮아집니다.

사자는 호랑이에 비해서도 덩치가 작습니다. 한 3분의 2 정도나 될까요? 이유는 이들이 초원에서 달리면서 사냥하기 때문입니다. 호랑이는 숲에서 숨어 있다가 갑자기 덮쳐서 사냥하니 순발력이 뛰어나기만 하면 됩니다. 덩치가 커도 별 문제가 없죠. 오히려 큰 덩치로 순식간에 사냥감을 제압하는 것이 유리합니다. 반면 사자는 넓은 초원 지대를 달리며 사냥해야 하니 덩치가 큰 게 별 의미가 없습니다. 대신 떼를 지어 사냥하는 방식으로 진화한 것이죠. 예전에는 가끔 덩치 큰 변이를 가진 사자가 태어나기도 했지만 생존에 불리하니 자연히 사라지게 되었습니다. 대신 대형 초식 동물 중 상처를 입거나 나이가 들었거나 아직 어린 새끼들을 사냥하는 데 적합한 덩치를 가지게 된 거죠. 지금의 덩치가 초원에서 살 수 있는 최적의 몸임을 진화가 증명한 겁니다.

포식자가 생태계의 지배자가 아닌데도 호랑이를 산의 제왕, 사자를 초원의 제왕이라고 부르는 것에 대해 어떻게 생각해야 할까요?

눈을 보면
진화가 보인다

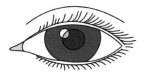

눈의 진화
- - - - - - - - - - -

카메라보다 정교한 눈

신이 모든 생물을 창조했다고 믿는 이들이 흔히 드는 예로 '사막의 카메라 이야기'가 있습니다. 사막 한가운데 카메라가 하나 있으면 누군가 길을 가다 떨어뜨렸다고 생각하는 것이 합리적이지 모래에서 카메라가 진화되었다고 생각할 순 없다는 거죠. 그런 카메라보다 훨씬 복잡한 눈이 우연한 진화를 통해 만들어졌다는 것 또한 말이 되지 않으니 신이 생물을 창조했다고 주장합니다. 우선 눈이 카메라보다 복잡하다는 것은 맞는 말입니다. 단순히 눈만 있는 게 아니라 눈과 연결된 뇌의 시각 영역까지 생각하면 엄청 복잡하죠. 한번 살펴볼까요?

인간의 눈은 제일 앞쪽에 각막이 있고, 그 뒤에 홍채가 있

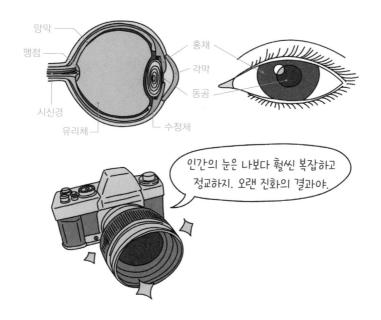

망막

맹점

시신경

유리체

홍채

각막

동공

수정체

인간의 눈은 나보다 훨씬 복잡하고 정교하지. 오랜 진화의 결과야.

습니다. 뒤에는 망막이 있고 그 사이를 유리체가 채우고 있죠. 망막에는 빛을 느끼는 시각 세포가 있고, 시각 세포에는 신경 세포가 연결되어 있고, 신경 세포는 다시 뇌와 연결되어 있습니다. 아주 복잡한 구조입니다.

사막의 카메라 비유에는 함정이 있습니다. 무생물의 경우 진화라는 과정 자체가 없고, 진화에 대한 압력도 없습니다. 10억 년, 20억 년 동안 사막에서 온갖 일이 있어도 카메라가 만들어지는 건 불가능에 가깝습니다. 하지만 생물은 다릅니다. 생물은 진화가 가능하고, 진화는 실제로 우리가 확인할 수 있죠. 눈의 경우도 마찬가지입니다. 인간, 개, 고양이, 도마뱀 등이 가진 눈은 보다 원시적인 눈으로부터 이어진 오랜 진화의 결과물입니다. 당연히 그 중간 단계의 눈도 있게 마련입니다.

눈은 안점(eyespot)이라는 세포 내의 작은 기관으로부터 시작했습니다. 안점은 무엇인가를 본다기보다는 빛을 감지하는 기능만 가지고 있습니다. 안점의 중심에는 광수용 단백질이 있는데 빛이 닿으면 구조가 변합니다. 유글레나 같은 단세포 생물에서 발견할 수 있습니다. 단세포 생물이니 뇌도 신경도 없습니다. 안점이 있어도 우리가 흔히 생각하는 '본다'는 것과는 거리가 멉니다. 하지만 광수용체 단백질의 구조가 변하면 이와 연결된 세포 내의 다른 물질이 그 정보를 최종적으로 편모에 전하게 됩니다. 마치 도미노 게임과 비슷합니다. 제일 앞의 패가 넘어지면 그 영향으로 뒤의 패가 연이어 넘어지는 것처럼 정보가 전달되어서 편모에게까지 이어지죠. 그렇게 해서 유글레나는 빛을 느끼게 됩니다. 우리 눈의 시각 세포에도 유글레나의 안점에 있는 것과 비슷한 광수용 단백질 로돕신이 있습니다.

다세포 생물에게도 안점은 있습니다. 대표적인 생물이 플라

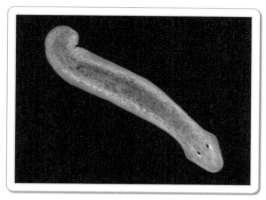

플라나리아에게 빛을 감지하는 안점은 인간의 눈만큼 중요한 역할을 합니다.

나리아입니다. 길이가 고작 1cm 정도로 민물에 사는 플라나리아는 머리 쪽에 안점이 분포한 세포들이 모여 있습니다. 각막도 홍채도 망막도 없어 그저 빛의 세기 정도만 감지할 정도죠. 물론 물체를 보는 것이 아니라 사냥을 하는 데는 별 쓸모가 없습니다. 천적을 피해 도망치는 데도 쓸모가 없고요.

그런 눈을 무엇에 쓸까 싶지만 플라나리아에겐 아주 중요한 감각 기관입니다. 여름 한낮 바깥에 나갈 땐 얼굴이나 목, 팔 등 노출된 부분에 선크림을 바릅니다. 피부가 타는 걸 방지하는 것보다 자외선을 차단하려는 목적이 더 큽니다. 자외선은 아주 침투력이 강해서 피부를 뚫고 들어와 내부 세포를 파괴하기 때문이죠. 플라나리아처럼 작고 부드러운 피부를 가진 생물에게는 훨씬 더 치명적입니다. 플라나리아의 안점은 이 자외선을 감지합니다. 안점이 빛이 세다는 신호를 보내면 신경을 타고 운동 기관에 정보가 전달됩니다.

플라나리아와 같은 다세포 동물은 감각 세포와 운동 세포가 떨어져 있다 보니 둘을 연결하는 세포가 필요합니다. 바로 신경 세포죠. 신경 세포가 등장함으로써 다세포 생물은 외부 정보를 받아들여 외부 환경에 대응할 수 있게 되었습니다. 또 감각 세포와 운동 세포 사이가 일정하게 떨어져 있어도 신경 세포로 인해 개체로서의 통일성을 유지할 수 있습니다. 개체의 크기가 커질 수 있는 조건이 만들어진 거죠. 플라나리아는 사다리꼴 모양의 아주 원시적인 신경계를 갖고 있는데 이를 통해 안점이 받은 빛에 대한 정보가 운동 기관으로 전달됩니다. 그러면 빛이 오는 반대 방향으로 움직입니다. 이 정도만이라도 플라나리아의 생존에 큰 도움이 됩니다.

눈의 진화 단계

플라나리아의 안점이 인간의 눈과 같은 기관으로 진화하기 위해선 여러 중간 단계를 거칩니다. 이런 중간 단계를 아주 잘 보여 주는 생물들이 있는데 바로 복족류입니다. 몸에 뼈가 없는 동물 중 연체동물이라는 분류가 있습니다. 연체동물은 또 바지락이나 꼬막 같은 부족류와 문어나 오징어 같은 두족류, 그리고 전복이나 달팽이, 우렁이 같은 복족류 등으로 나뉘죠. 부족류가 두 개의 껍데기를 갖고 한 장소에 가만히 머무는 데 반해 복족류는 껍데기가 하나이거나 없고 이동하면서 먹이를 구합니다.

달팽이는 워낙 독특한 모양의 눈을 가지고 있지만 전복도 우렁이도 눈이 있다는 사실은 잘 알려져 있지 않습니다. 살아 있는 상태로 만나기보다는 손질된 상태로 보거나 우리가 잘 아는 눈처럼 생기지 않았기 때문이죠. 이들은 종류에 따라 조금씩 다른 눈을 가지고 있는데 이를 살펴보면 눈이 어떻게 진화했는지 알 수 있습니다.

플라나리아의 눈은 안점을 가진 세포가 신경 세포와 연결되어 있는 단순한 구조였습니다. 여기서 조금 더 진화된 눈은 파텔라(patella)라는 바다 달팽이에게서 만날 수 있습니다. 파텔라의 눈은 움푹 팬 공간에 안점을 가진 세포가 모여 있습니다. 아주 단순한 구조죠. 플라나리아와 다른 점은 눈 부분이 파여 있어 피부 표면에 드러나 있는 것에 비해 빛을 받을 수 있는 방향이 좁아집니다. 그러니 빛이 어느 방향에서 오는

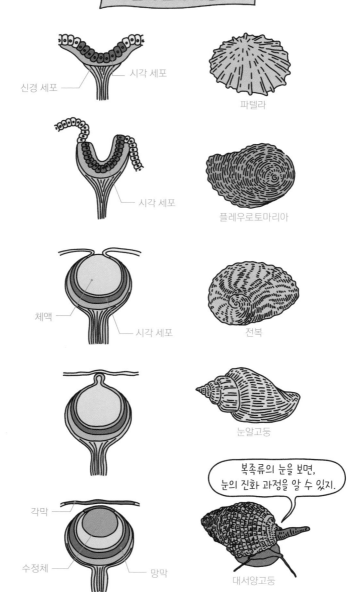

지를 플라나리아보다 훨씬 빨리 알 수 있게 된 것입니다. 물론 여전히 사물을 분간할 순 없습니다.

눈은 조금씩 변합니다. 좀 더 방향을 정확히 알기 위해 빛이 들어오는 입구가 좁아집니다. 지금은 멸종된 바다 달팽이의 한 종류가 이런 눈을 가졌습니다.

그리고 입구를 살갗이 거의 덮어 버리는 진화가 일어납니다. 입구와 안점이 있는 시각 세포 사이의 빈 공간은 체액이 채워지죠. 시각 세포가 있는 부분이 우리 눈의 망막처럼 동그랗게 모양을 만듭니다. 이제 상이 맺히고 사물을 흐릿하게나마 구분할 수 있게 됩니다. 지금 단계의 대표적인 예가 전복의 눈입니다.

그다음 체액으로 찬 눈 앞쪽 구멍을 투명한 살갗이 덮어 버립니다. 각막의 시초죠. 이러면 공기나 물에 의해 상이 흔들리는 현상도 사라지고, 망막에 공기가 닿는 부작용도 없어집니다. 눈알고둥의 눈이 이렇습니다.

좀 더 진행되면 각막이 구멍을 완전히 막고 자리를 잡습니다. 그리고 수정체가 생깁니다. 수정체는 빛을 굴절시켜 망막에 상을 더 선명하게 맺게 해 줍니다. 그러면서 망막의 가운데 시각 세포가 집중됩니다. 이제 멀고 가까운 물체를 볼 때 수정체가 두께를 조절할 수 있게 됩니다. 물체까지의 거리를 대강

오른쪽 껍데기 아래 둥그렇고 까만 점이 있는 부분이 바로 전복의 눈입니다.

파악할 수 있습니다.

마지막으로 수정체와 각막 사이에 홍채가 생깁니다. 홍채는 빛의 세기에 따라 크기가 변합니다. 이를 통해 어두울 때와 밝을 때 들어오는 빛의 양을 조절해서 망막을 보호하고 상의 밝기도 조절할 수 있게 됩니다.

그럼 겨우 밝기만을 감지하는 안점에서 모든 것을 갖춘 인간의 눈으로 진화하는 데는 얼마나 걸렸을까요? 연구에 따르면 아무리 길게 잡아도 36만 년 정도면 충분하다고 합니다. 아주 긴 시간이긴 하지만 고생대의 시작이 지금으로부터 4억 5000만 년 전인 것을 생각하면 굉장히 짧은 거죠.

복족류 중 가장 발달된 형태의 눈을 가지고 있는 여왕 소라의 모습입니다.

곤충, 문어, 인간의 눈

눈이 진화에 의해 생겼다는 또 다른 증거는 눈이 다양한 동물에게서 독립적으로 진화했다는 점입니다. 쉽게 말해서 곤충(정확하게는 절지동물)은 곤충 나름대로, 문어(정확하게는 연체동물)는 문어 나름대로, 척추동물은 척추동물 나름대로 진화하면서 눈을 만든 것입니다. 지금은 멸종된 삼엽충 또한 독자적인 눈을 진화시켰죠. 그러다 보니 눈의 구조 또한 서로 많이 다릅니다.

척추동물은 눈의 기본 구조가 모두 같습니다. 이 말은 척추동물의 공동 조상에서 눈이 진화되었고, 현재의 척추동물은 모두 이 눈을 물려받았다는 거죠. 그래서 포유류인 두더지, 파충류인 뱀의 일부 종류, 양서류인 영원의 일부 종류 등 앞을 보지 못하는 척추동물도 해부학적으로 머리 앞부분에 모두 눈의 흔적을 가지고 있습니다.

척추동물의 눈은 모두 앞을 보는 데 별로 좋지 않은 구조 또한 공유하고 있습니다. 바로 맹점이죠. 앞서 망막의 시각 세포는 신경 세포와 연결되어 있다고 했습니다. 만약 우리가 눈을 만든다면 신경 세포는 당연히 시각 세포 뒤쪽에 연결이 되었겠죠. 그런데 척추동물의 경우 신경 세포는 시각 세포의 앞쪽에 연결되어 있습니다. 마치 전등의 전선을 전등 앞으로 뺀 것과 같죠. 그 때문에 신경 세포 다발이 지나는 곳에선 앞을 볼 수가 없습니다. 망막의 이 지점을 맹점이라고 합니다. 만약 누군가 의도적으로 눈을 만들었다면 절대 하지 않을 실수죠.

척추동물과 눈의 구조가 가장 비슷한 것은 두족류인 오징어와 문어입니다. 다만 이들은 눈이 만들어질 때 신경이 시각 세포의 뒤쪽에 연결되어 맹점이 없습니다. 앞에서 눈의 진화 과정을 이야기할 때 복족류의 예를 들었는데, 복족류의 눈 그림에서도 신경은 모두 뒤로 연결되어 있죠. 같은 연체동물인 두족류도 복족류와 같은 구조의 눈을 가지고 있는 겁니다.

곤충은 척추동물이나 연체동물과는 굉장히 다른 눈을 가

지고 있습니다. 눈의 개수도 두 개가 아니라 여러 개인 경우가 많습니다. 잠자리는 두 개의 겹눈과 세 개의 홑눈을 가지고 있죠. 겹눈은 많게는 수만 개의 낱눈이 모여 만들어집니다. 곤충은 절지동물의 한 종류입니다. 곤충 외에도 거미류, 갑각류, 다지류도 절지동물이죠. 이들은 공통 조상으로부터 낱눈을 물려받았습니다. 즉 절지동물은 곤충이나 거미 등으로 나눠지기 이전에 이미 눈을 가지고 있었던 거죠.

절지동물의 눈은 척추동물의 눈과 마찬가지로 지금으로부터 5억 년 전에 이미 나타났습니다. 기본은 낱눈입니다. 낱눈은 그 자체로 하나의 눈이죠. 수정체, 각막, 망막 등이 다 있고 개별적으로 신경과 연결되어 뇌로 정보를 전달합니다. 다만 사람의 눈과는 달리 아주 작아 눈으로 보면 점으로밖에 보이지 않습니다. 곤충이나 갑각류는 이런 낱눈을 모아 겹눈을 만들었죠. 하지만 거미는 낱눈이 각기 독자적으로 있는 홑눈만 가지고 있습니다.

곤충의 눈은 서로 조금씩 다른 방향을 향합니다. 잠자리의 눈은 머리 대부분을 차지하지만 인간의 눈에 비해 해상도가 낮습니다. 대신 이 겹눈은 움직이는 물체를 파악하는 데는 탁월한 성능을 지닙니다. 낱눈 하나에서 나타난 모습이 사라져도 이웃한 낱눈에 다시 보이니까요. 하늘을 날면서 다른 곤충

잠자리는 머리에 두 개의 겹눈을 가지고 있는데 반해,
거미는 여러 개의 홑눈을 가지고 있습니다.

이 날아다니는 걸 파악하는 데 아주 요긴하죠. 우린 모기나
파리가 주변을 날 때 손을 휘저어 쫓아내곤 하지만 정확하게
맞추긴 힘듭니다. 물론 운동 근육의 문제이기도 하지만 사실
우리 눈은 움직이는 작은 물체를 쫓는 용으로는 적합하지 않
기 때문입니다. 반면 곤충의 겹눈은 해상도는 낮아도 작은 물
체가 움직이는 것은 아주 빠르게 파악할 수 있습니다.

거미는 머리에 여덟 개의 홑눈을 가지고 있습니다. 일부 거
미는 그중 몇 개가 사라지기도 했지만 보통은 머리의 사방에
여덟 개의 눈이 있어 고개를 돌리지 않고도 모든 방향의 움직
임을 살펴볼 수 있죠. 이는 거미의 몸 구조와 관련 있습니다.

거미는 머리와 가슴이 한데 붙어 있어 머리가슴과 배 부위로 구성됩니다. 그렇다 보니 머리가 분리되어 있는 동물에 비해 고개 돌리는 게 상당히 불편하죠. 마치 목에 깁스를 하고 고개를 돌리는 것과 같습니다. 대신 머리의 사방에 눈을 달아 모든 곳을 볼 수 있게 진화한 겁니다. 날아다니는 곤충에게도 이런 진화가 이루어졌습니다. 머리 앞쪽에 한 쌍의 겹눈을 가지고 있지만 위쪽에서 날아다니는 다른 곤충이 신경 쓰일 수밖에 없습니다. 그렇다고 날아다니며 고개를 계속 들었다 났다 할 순 없겠죠. 그래서 이들 또한 정수리 혹은 등에 세 개의 홑눈을 가지고 있습니다. 위쪽을 살피기 위해서죠.

눈은 연체동물, 절지동물, 척추동물 등에서 저마다 독립적으로 진화했습니다. 그런데 연체동물의 눈과 척추동물의 눈은 좌우 두 개가 있다는 점에서 비슷합니다. 곤충도 겹눈은 좌우 하나씩 있죠. 독자적으로 진화했다면 눈이 하나든가 세 개라든가, 아니면 위아래로 하나씩 있다든가 다양한 선택지가 있었을 텐데 다들 좌우 한 쌍의 눈을 가지게 된 건 무슨 이유일까요?

첫째 눈으로 볼 수 있는 영역을 최대한 넓히는 것이 생존에 유리했기 때문입니다. 물론 눈 하나를 머리 위로 안테나처럼 툭 튀어나오게 만들어 사방을 다 보는 방법도 있겠지만 이런 구조는 눈을 보호하기 힘들죠. 대신 왼쪽과 오른쪽에 눈을 하나씩 배치하면 앞쪽 전체와 좌우도 어느 정도 파악할 수 있습니다.

둘째 거리를 알기 위해서입니다. 하나의 눈으로는 거리를 가늠하기가 힘듭니다. 눈이 둘이면 양쪽에서 보는 방향의 차이를 이용해서 물체까지의 거리를 파악할 수 있죠. 물론 눈이 위쪽에 하나 더 있으면 좋겠지만 눈을 세 개씩이나 갖고 있으면 에너지 소비가 만만치 않습니다. 눈은 감각 기관 중 에너지 소모가 가장 큽니다. 몸 전체에서도 뇌 다음으로 에너지 소비가 많은 기관이죠. 유지하는 비용이 비싸니 가급적 최소한으로 갖는 것이 좋습니다. 그래서 거리를 가늠하기 쉬운 최소의 개수 두 개로 정해진 거죠. 누가 정했냐고요? 바로 진화입니다. 고생대 초기 생물을 보면 눈이 두 개, 세 개, 다섯 개인 동물들이 있습니다. 하지만 진화가 진행되면서 점차 두 개의 눈을 가진 동물만 살아남은 거죠.

곤충이나 거미 같은 절지동물은 눈이 여러 개지만 이는 사정이 다릅니다. 이들의 홑눈은 크기도 워낙 작고 구조도 단순하기 때문에 에너지가 많이 들어가지 않습니다. 대상을 선명하게 볼 수 없는 단점도 가지고 있고요.

이렇게 각자 독립적으로 진화했지만 비슷한 상황에서 비슷한 모습으로 진화하는 것을 수렴 진화라고 합니다. 눈의 수렴 진화는 또 다른 예에서도 만날 수 있습니다. 바로 초식 동물의 눈과 육식 동물의 눈이죠. 고양이가 귀여운 이유 중 하나는 한 쌍의 큰 눈이 정면을 향하고 있기 때문입니다. 이런 모습은 같은 고양잇과인 호랑이와 사자도 마찬가지입니다. 모든 고양잇과 동물은 두 눈이 정면을 향하고 있습니다. 그리고 정면을 향한 두 눈을 가진 다른 동물로는 갯과 동물이 있습니다. 개, 늑대, 여우, 너구리, 라쿤 등이 속하죠. 또 북극곰, 흑곰, 반달곰, 판다 등의 곰과도 눈이 앞쪽을 향해 있습니다. 이들 모두는 육식 동물입니다(판다는 대나무를 먹지만 원래 잡식성이었습니다).

　육식 동물의 눈이 앞을 향한 이유는 사냥에 적합하기 때문입니다. 먹잇감을 사냥하기 위해서는 서로의 거리를 재는 것이 중요합니다. 적당한 거리까지 접근한 뒤 잽싸게 뛰어가서 쓰러뜨려야 하니까요. 두 눈으로 넓게 보는 것보다는 보는 방향을 최대한 겹쳐야 거리를 측정하기에 좋습니다.

　반면 초식 동물의 눈은 앞이 아니라 옆을 보고 있습니다. 발굽이 둘인 우제류에 속하는 소, 양, 사슴, 발굽이 하나인 기제류에 속하는 말, 당나귀, 코뿔소(코뿔소는 소의 친척이 아니라 말의 친척입니다) 등이 모두 그렇죠. 또 토끼나 다람쥐 등도 마찬가지입니다. 이들의 눈이 양옆을 향하는 것은 천적을 감시하기 위해서입니다. 거리를 재는 것보다는 어디서 나타날지 모르는 천적을 빨리 알아차리기 위해 최대한 넓은 범위를 보는 것이죠.

　다음 그림에서 말의 시야를 보면 두 눈이 공통으로 볼 수 있는 입체시가 65도로 좁지만 대신 아예 볼 수 없는 사각도 5도 정도로 굉장히 좁습니다. 반면 고양이는 두 눈이 공통으로 보는 입체시가 120도 정도로 넓지만 뒤쪽으로 볼 수 없는 영역도 80도 정도로 넓습니다. 이렇게 각자 다른 조상으로부터 진화했지만 육식

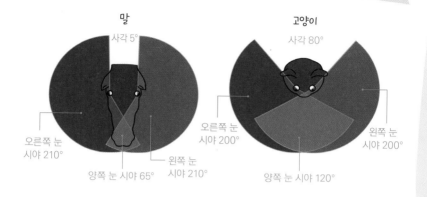

말
사각 5°
오른쪽 눈
시야 210°
양쪽 눈 시야 65°
왼쪽 눈
시야 210°

고양이
사각 80°
오른쪽 눈
시야 200°
왼쪽 눈
시야 200°
양쪽 눈 시야 120°

동물은 모두 눈이 정면을 향하고 초식 동물은 모두 눈이 양옆을 향하는 것도 일종의 수렴 진화라고 볼 수 있습니다.

인간은 어떨까요? 다들 알다시피 두 눈이 정면을 향하고 있죠. 이는 인간만의 특징은 아니고 인간과 조상이 같은 영장류 대부분이 비슷합니다. 침팬지, 고릴라, 안경원숭이도 모두 눈이 앞을 향하고 있죠. 그럼 우리도 육식 동물의 후손인 걸까요? 그렇지 않습니다. 인간과 원숭이 눈이 정면을 향하는 이유는 숲에서도 나무 위에 살았기 때문입니다. 나무와 나무 사이를 옮겨 타기 위해선 앞발로 잡을 나뭇가지까지의 거리를 재는 것이 필수였죠. 자연히 두 눈이 앞을 향하는 진화가 이루어진 겁니다.

그럼 귀는 왜 두 개일까요?

갈라파고스의 이구아나는 **어떻게** 변화했을까?

격리된 것들의 진화

깨어 보니 갈라파고스

갈라파고스는 남아메리카 대륙으로부터 1000km 떨어져서 적도에 걸친 섬들의 모임입니다. 서울에서부터 일본 나고야 정도까지의 거리입니다. 맨틀에서 올라오는 마그마의 활동으로 바다 한가운데 몇 개의 섬이 생기면서 형성되었죠. 적도 부근이니 우리나라처럼 사계절은 없지만 그래도 두 개의 계절로 나눌 수 있습니다. 남극 부근에서 올라오는 훔볼트 해류가 거센 6월에서 11월은 바닷물이 차가워지고 섬 주변 기온도 내려갑니다. 기온이 내려가면 구름도 잘 만들어지지 않아 비가 거의 내리지 않는 건기가 됩니다. 12월이 되면 훔볼트 해류가 약해진 틈을 타서 따뜻한 파나마 해류가 섬을 감쌉니다. 이 상태가 6월이 되기 전까지 지속되면서 바다는 따뜻하고 자연스레 구름이 많아지고 비가 자주 내리는 우기가 되죠.

그곳에 바다 이구아나가 삽니다. 현재 세계에서 유일하게 바다의 해초를 먹고 사는 파충류입니다. 처음 남아메리카 대륙에서 표류해 온 이구아나들이 섬에 도착했을 때를 상상해 봅니다. 1000km나 되는 거리니 폭풍우에 휘말려 바다에 던져진 이구아나가 섬까지 살아서 도착하는 건 굉장히 낮은 확률이었을 겁니다. 0.1% 정도나 될까요? 그래도 1000마리가 바다에 나가면 한 마리 정도는 살아서 도착한다는 이야기죠. 마침 건기였다면 초식 동물인 이구아나가 먹을 수 있는 건 선인장밖에 없었을 겁니다. 이구아나가 처음 갈라파고스에 도착했을 때 선인장에겐 자기를 갉아 먹는 다른 동물이 없었을 터이니 가시가 그리 많진 않았겠죠. 아예 없었을 수도 있고요. 이구아나는 선인장을 먹으며 건기를 버팁니다. 홀로 표류해 온 터라 자식을 낳기도 힘들었을 수 있습니다만 사실 파충류는 처녀 생식을 하는 경우가 종종 있습니다. 수컷이 필요 없다는 거지요. 마침 섬에 닿은 이구아나가 암컷이라면 처녀 생식을 통해 자손을 볼 수도 있었을 겁니다. 운 좋게 표류해 온 수컷이 있다면 짝짓기를 했을 수도 있고요.

섬에 이구아나의 수가 늘면서 선인장을 주된 먹이로 삼자 선인장도 대응을 합니다. 다시 가시를 만들기 시작하죠. 선인장도 원래 아메리카 대륙에 있을 땐 동물에게 먹히지 않으려고 가시가 있었습니다. 섬에 와서 사라졌던 건데 새로 만드는 게 그리 어려운 일은 아닙니다. 이제 선인장을 먹기가 쉽지 않습니다. 더구나 천적이 없는 섬에서 이구아나의 개체 수는 나날이 늘어만 갑니다. 먹는 입은 많고 먹을 건 부족한데 선인장에 가시까지 돋은 상황. 우기에는 그나마 다른 식물이 자라니 이것저것 먹을 것이 많은데 건기가 되면 고되기만 합니다.

이런 문제에 부딪친 이구아나는 두 부류로 나뉩니다. 하나는 더 높은 산으로 가고, 하나는 해변으로 가죠. 갈라파고스 섬의 고산 지역에는 건기에도 가랑비가 내립니다. 차가운 훔볼트 해류를 따라 차가워진 공기가 산을 타고 올라가면서 엷은 구름을 만들고, 이 구름이 가랑비를 뿌리는 거죠. 산 아래는 건조한 사막 기후지만 산 중턱 위로는 녹음이 짙습니다. 그러나 고산 지역은 기온이 낮습니다. 변온 동물인 이구아나가 살기에 좋은 환경은 아니죠. 이구아나 같은 파충류는 낮은 온도에선 움직임이 둔해지기 때문에 기온이 낮은 지역에선 잘 발견할 수 없습니다. 우리나라의 경우도 도마뱀은 주로 남쪽 지방에서 많이 보이고 북한에서는 도마뱀을 발견하기 힘듭니다. 하지만 좁은 섬에 사는 이구아나에겐 별 선택지가 없습니

다. 다행히 몸이 굼떠도 이구아나를 잡아먹는 천적이 없기 때문에 살아갈 순 있습니다.

추위가 너무 싫은 다른 부류의 이구아나는 해변으로 갑니다. 바닷물이 물러난 썰물 때 해안가에 드러난 해초를 먹기 위해서죠. 해초는 짭니다. 해초를 먹고 나면 몸 안의 소금 성분이 항상성을 해칩니다. 어쩌겠어요. 일단 먹어야 사니, 먹고 봅니다. 추위와 소금 중 어떤 쪽을 선택할지는 이구아나의 마음이었겠지만 일단 두 부류로 나뉜 다음에는 서로 만날 일이 없어집니다.

두 부류는 각기 자기들끼리 짝짓기를 하며 자연스레 다른 모습으로 진화합니다. 바다 이구아나는 차츰 얕은 바다로 들어가 해초를 먹기 시작했습니다. 그에 따라 몸은 유선형으로, 꼬리는 마치 수달이나 해달처럼 바뀌죠. 코의 소금샘으로 넘치는 몸속 소금을 뿜어내기에 이르면 바다 파충류에 한층 다가간 느낌입니다. 얼굴 형태도 해초를 뜯어 먹기 좋도록 바뀝니다.

차가운 훔볼트 해류는 갈라파고스의 섬에 사막 기후를 만들었지만 바다에는 커다란 선물을 안겨 줍니다. 산소가 풍부하게 녹아 있고 바다 깊은 곳의 영양분이 표면까지 전달되죠. 갈라파고스의 바다는 열대 우림처럼 **빽빽하게** 나는 해초로 우거집니다. 온갖 바다 생물이 해초와 식물성 플랑크톤을 따라 모여들죠. 그 한구석에서 해초를 뜯어 먹는 바다 이구아나도 풍부한 먹이에 행복해합니다.

지구 온난화가 만든 새로운 진화

바나 이구아나의 미래를 우리는 바다소에게서 볼 수 있습니다. 바다소라니 조금 생소하죠? 듀공이나 매너티, 지금은 멸종된 스텔러바다소가 속한 목을 바다소목이라고 합니다. 고래, 물개 등과 같이 바다에 사는 포유류죠. 고래나 물개가 육식동물인데 반해 바다소목 동물은 초식입니다. 고생대 후반부터 육지에 살던 척추동물이 다시 바다로 돌아가는 일들이 종종 나타났습니다. 고생대에는 메소사우루스(아직 파충류나 포유류가 현재의 모습을 갖추기 전이라 어디에 속하는지는 의문이지만 대략 파충류의 일종이라고 여깁니다), 중생대에는 어룡, 장경룡, 모사사우루스 등이 대표적입니다. 중생대는 해양 파충류의 전성기였지만 신생대가 되면서 모두 멸종합니다. 대신 포유류가 바다로 돌아가죠. 돌고래와 고래, 물개나 코끼리물범 같은 동물이 대표적입니다. 펭귄도 일종의 해양 조류라고 볼 수 있겠네요. 이

플로리다 매너티의 모습입니다.
듀공과 매너티 등은 멸종 위기종으로 관리되고 있습니다.

들 대부분은 육식 동물입니다. 물고기를 주로 먹고 살죠. 그러나 바다소만은 초식입니다. 굉장히 드문 경우죠.

육식 동물이 바다로 가는 건 그리 어려운 일이 아닙니다. 해안 지역에 살던 개나 고양이 정도 크기의 육식 동물은 먹잇감이 부족하면 해변의 조개를 먹습니다. 또 천적을 피하기 위해 물로 도망가기도 하죠. 이런 삶이 계속되면 조개 말고 물고기도 사냥하게 됩니다. 자연스레 물과 친해지면서 수영하기 쉬운 형태로 진화합니다. 물에 체온을 뺏기지 않고 헤엄을 잘 치기 위해 피부밑 지방이 두꺼워지고 몸은 유선형으로 바뀌죠. 발가락 사이에 물갈퀴도 생깁니다. 꼬리는 물에서 방향을 잡기 좋게 변하고요. 현재의 수달이나 해달이 이런 모습입니다. 그런데 이렇게 진화하다 보면 반대로 육지에서의 삶은 쉽지 않습니다. 뚱뚱해지고 다리가 짧아지니 도망치는 속도도 느리고 에너지는 많이 들죠. 점점 물에 사는 시간이 길어지고 육지에는 꼭 필요한 경우만 오릅니다. 결국 진화가 계속되면 모습이 물개처럼 변하고, 더 나아가 고래처럼 물고기와 흡사한 모양이 됩니다.

하지만 초식 동물은 좀 다릅니다. 초식 동물은 육식 동물에 비해 상당히 많은 시간을 먹는 데 투자해야 합니다. 육식 동물은 하루에 많아 봤자 서너 시간 사냥을 하면 끝이지만 초식 동물은 깨어 있는 내내 먹이를 찾아다니죠. 물속에서 계속 먹이를 구한다는 게 결코 쉬운 일이 아닙니다. 일단 물속에선 체온이 빨리 내려가고, 중간중간 숨 쉬러 수면으로 올라가야 하니까요. 아주 특별한 상황에서나 해초를 먹이로 삼게 되는 겁니다. 그래서 육지에서 바다로 다시 돌아간 척추동물 대부분이 육식 동물입니다.

어찌됐건 바다소들은 완전한 해양 생물이 되었습니다. 바다에서 태어나 육지 한 번 올라가지 않고 죽을 때까지 바다에서만 사는 거죠. 번식을 위해 육지로 올라오는 물개나 펭귄과는 다른 모습입니다. 아직 바다 이구아나는 먹이 섭취를 위해서

만 바다에 들어갑니다. 번식과 휴식은 육지에서 취하죠. 바다 이구아나의 먼 후손은 듀공이나 매너티처럼 오로지 바다에서만 살게 될 날이 올지도 모르지만요.

바다 이구아나는 요사이 괴롭습니다. 지구 온난화로 이곳저곳 난리가 나는데 갈라파고스도 마찬가지입니다. 훔볼트 해류가 이전만큼 힘을 쓰지 못하면서 엘니뇨도 잦고, 해수 온도가 올라가니 해초들이 예전만 못합니다. 지구 온난화로 해수면의 온도가 조금 올랐고, 이에 따라 한류인 훔볼트 해류의 세력이 약해진 거죠. 한류가 풍부한 무기염류를 가지고 오지 않으니 영양분이 부족해서 해초가 예전만큼 잘 자라지 못합니다. 바다에 먹을 것이 없어지자 바다 이구아나의 일부는 다시 육지를 향할 수밖에 없습니다.

앞서 이야기했다시피 갈라파고스 섬 중심부의 고산 지대는 숲이 우거지고 먹을 것이 풍부하다고 했죠? 낮은 기온이지만 이곳에 살며 어떻게든 버티는 이구아나도 있고요. 고산 지대의 이구아나와 바다 이구아나는 원래 같은 종이었지만 중간의 건조한 지역이 이들을 지역적으로 분리시켰고, 각자 환경에 맞춰 진화하면서 서로 다른 모습을 갖게 되었습니다. 그런데 바다 이구아나가 먹이가 부족해 육지로 향하면서 이들 간에 교류가 새로 생기고 있습니다. 그 결과 잡종 이구아나들이 눈에 띄고 있다고 합니다. 바다 이구아나와 육지 이구아나가 짝짓기를 해서 태어난 새끼들이 두 부류의 모습을 절반씩 닮는 거죠. 지구 온난화가 만든 새로운 진화가 갈라파고스에서 나타나고 있습니다.

아메리카 원주민의 혈액형

유럽의 이베리아 반도 북쪽, 대서양과 프랑스, 스페인 국경이 접한 곳에 바스크란 지역이 있습니다. 이 지역에는 바스크인이 5000년 이상 거주하고 있습니다. 바스크인은 프랑스인, 스페인인과도 다릅니다. 이들이 쓰는 언어인 바스크어는 주변 다른 유럽인들이 쓰는 언어 계통인 인도유럽어와는 전혀 다른 고대 유럽어에 속합니다. 문화도 독특한 고유 전통을 고수하고 있는 일종의 단일 민족 정체성을 가지고 있죠. 물론 유전자는 유럽의 다른 민족과 큰 차이가 없습니다.

바스크인들이 주변 민족과 다른 특징이 또 있습니다. 바로 혈액형입니다. O형 비율이 다른 유럽인에 비해 대단히 높고 Rh- 혈액형의 비율도 높습니다. 유럽인의 Rh- 비율이 약 16% 정도인데 바스크인의 경우 그 두 배가 넘는 36%나 됩니다. 바로 이웃하고 사는 집단하고 이런 차이가 나다니 신기하죠? 그런데 혈액형 비율 차이는 이 지역만이 아니라 전 세계에서 확인할 수 있습니다.

유럽인에 비해 아시아인의 경우 Rh- 비율이 훨씬 낮아 1%도 되질 않습니다. Rh- 혈액형 피는 Rh+ 혈액형을 가진 사람에게 수혈할 수 있지만 Rh+ 혈액형의 피는 Rh-의 사람에게 수혈할 수 없습니다. 그래서 우리나라에서는 Rh- 혈액형 보유자에게 정기적으로 헌혈을 부탁하고, 긴급 헌혈 동의자로 등록해 주길 홍보하고 있죠. 반면 Rh- 혈액형 보유자가 비교적 흔한 유럽에서는 우리나라처럼 신경 쓰지 않는 편입니다.

Rh 혈액형만이 아니라 ABO식 혈액형 비율도 다릅니다. 우리나라 사람 중엔 A형이 가장 많고 B형도 많습니다. 반면 O형은 다른 나라에 비해 상대적으로 적죠. 그런데 아메리카 원주민의 경우 거의 모든 사람이 O형입니다. 아프리카 원주민도 O형이 절반 이상이고, 시베리아 원주민과 영국, 프랑스, 아이슬란드 등에 사는 이들도 O형이 절반 정도이거나 그보다 많습니다.

전 세계 사람들의 유전자를 분석해 보면 사실 어디 사는 어느 민족이든 유전자 차이가 별로 없습니다. 그런데 혈액형은

구분		아버지 혈액형					
	표현형	A		B		O	AB
표현형	유전형	AA	AO	BB	BO	OO	AB
어머니 혈액형 — A	AA	A	A	AB	A/AB	A	A/AB
	AO	A	A	AB/B	A/B/O/AB	A/O	A/B/AB
B	BB	AB	B/AB	B	B	B	B/AB
	BO	A/AB	A/B/O/AB	B	B/O	O	A/B
O	OO	A	A/O	B	B/O	O	A/B
AB	AB	AB	A/AB	A/B/AB	B/AB	A/B/AB	A/B/AB

ABO식 혈액형의 유전

왜 이렇게 차이가 큰 걸까요? 아직 분명하게 밝혀진 것은 아니지만 과학자들은 그 원인 중 하나로 '유전적 부동'을 들고 있습니다.

일단 아메리카 원주민들이 O형인 이유에 대한 유전적 부동 가설을 설명해 보겠습니다. ABO식 혈액형을 결정하는 유전자에는 A형, B형, O형 세 가지가 있습니다. 모든 사람은 혈액형과 관련해서 두 개의 유전자를 갖죠. 그래서 사람이 가질 수 있는 혈액형 유전자의 경우의 수는 AO, AA, BO, BB, AB, OO, 이렇게 여섯 개입니다. 그중 AO, AA는 A형, BO, BB는 B형, AB는 AB형, OO는 O형이 됩니다.

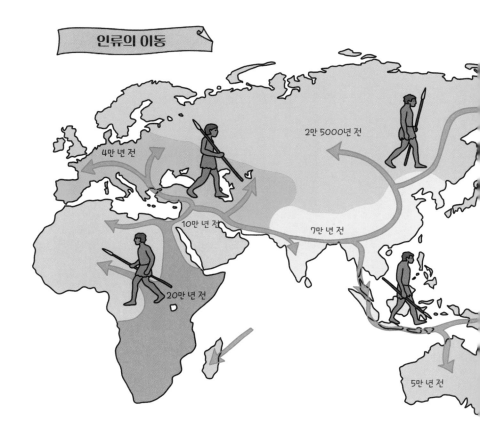

인류의 이동

4만 년 전

2만 5000년 전

10만 년 전

7만 년 전

20만 년 전

5만 년 전

아메리카 원주민은 시베리아에서 알래스카를 통해 아메리카로 넘어갔다고 알려져 있습니다. 즉 시베리아에 살던 이들이 아메리카 원주민의 선조였던 거죠. 당시 시베리아에 살던 사람 중엔 O형이 절반 정도였습니다. 이들 중 일부가 빙하기

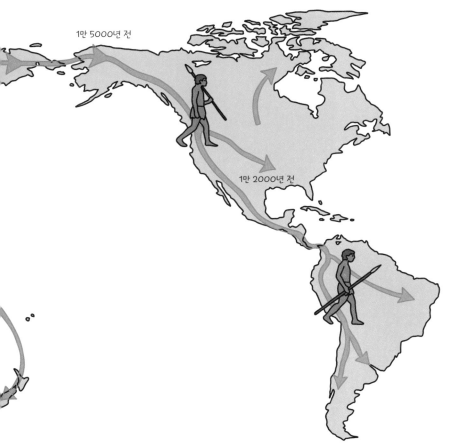

1만 5000년 전

1만 2000년 전

에 시베리아에서 알래스카까지 연결된 육로를 따라 아메리카 대륙으로 건너갑니다. 그런데 그 수가 많지 않고 불과 몇백 명 정도였고 우연히 대부분 O형 피를 가졌다고 생각해 보죠. O형은 유전자형이 OO입니다. 즉 자손에게 물려줄 혈액형 유전자 종류가 O 하나밖에 없는 거죠. 그 결과로 이들의 후손인 아메리카 원주민들은 모두 O형이 되었다는 것이 유전적 부동 가설입니다.

전 세계적으로 지역에 따라 ABO식 혈액형 비율이 다르다고 했습니다. 이를 잘 보면 아메리카 외에 다른 지역에서 유럽인과 아프리카인이 한 묶음이고 아시아인이 다른 한 묶음을 이루고 있는 걸 볼 수 있습니다. 이는 원래 아프리카에 살았던 사람들 중 일부가 아시아로 진출했는데 이들 중 O형인 이들이 우연히 적었던 것이 원인이었다고 볼 수 있습니다. 반면 유럽은 아프리카와 비교적 가깝기 때문에 교류가 빈번하게 일어나면서 아프리카와 비슷한 비율을 보유한 것으로 추측할 수 있죠.

현재 세계 지도를 보면 아프리카는 아라비아 반도를 통해 아시아와 이어져 있고 유럽과는 지중해를 두고 떨어져 있습니다. 하지만 지중해는 과거에 몇 번씩 물이 말라 육지가 되었던 적이 있었고, 시칠리아와 같은 섬들이 중간중간 있어 아프리카인과 유럽인의 교류가 잦았습니다. 아프리카와 아시아는 아라비아 반도로 연결되어 있지만 광활한 사막 지역이 있어 교류하기 쉽지 않았고요.

지금처럼 전 세계 인구가 80억 명이 넘을 정도면 유전적 부동이 일어나기 힘듭니다만 지금으로부터 10만 년 전 정도에는 지구 전체에 인류가 불과 10만 명 정도밖에 되지 않았으니까 가능할 법한 이야기입니다. 물론 이런 유전적 부동에 의해 혈액형 비율이 변했다는 것은 유력한 가설일 뿐입니다. 아직 증명된 것은 아닙니다.

원래 집단과
다른 길을
가는 동물들

　유전적 부동은 일부 집단이 원래의 집단으로부터 분리되었을 때 우연히 전체 집단의 유전자 비율과 다른 비율을 가지게 되는 걸 의미합니다. 앞서 살펴본 혈액형의 유전적 부동 가설이 그런 사례죠. 유전적 부동은 분리된 집단의 크기가 작을 때 가능한 일입니다. 가령 10만 명 정도 되는 사람들이 하나의 집단을 이루고 있었는데 그중 1만 명 정도가 분리되었다면, 분리된 집단과 원래 집단의 혈액형 비율은 비슷하게 형성될 가능성이 높습니다. 하지만 100명 정도가 분리된다면 원래 집단과 혈액형 비율이 다를 확률이 더 높죠. 꼭 혈액형이 아니어도 됩니다. 어느 집단에서 외꺼풀과 쌍꺼풀 비율이 1:2였다고 해 보죠. 그 집단에서 100명이 분리되었을 때 이들 중 외꺼풀과 쌍꺼풀 비율이 1:2가 되는 경우는 그렇지 않은 경우보다 적습니다. 일종의 확률입니다.

　주사위 던지기를 예로 살펴보죠. 주사위 던지기를 12만 번 정도 실행하면 1~6의 눈이 나오는 비율은 각각 1/6 정도로 2만 번 내외가 됩니다. 자 그럼 12만 번 던진 경우 중 무작위로 1만 2000번을 선택하면 어떻게 될까요? 역시나 각 눈의 비율은 1/6 정도로 비슷하게 나올 겁니다. 하지만 그중 120번을 무작위로 선택한다면 어떻게 될까요? 이때는 말 그대로 우연에 의지하기 때문에 각 눈의 수가 1/6 비율로 고르게 나올 확률이 고르지 못하게 나올 확률보다 적습니다. 우연히 1이 스무 번이 아니라 서른 번 나올 수도 있고, 3이 열 번만 나올 수도 있습니다. 이런 이유로 작은 집단이 원래 집단으로부터 떨어져 나올 때 유전자의 비율이 달라지는 것은 오히려 자연스럽습니다.

그런데 유전적 부동이 바로 진화로 이어지지는 않습니다. 아메리카 원주민들의 O형 비율이 아시아인, 유럽인과 다르다고 이를 진화라고 하지 않는 것과 같습니다. 진화는 환경의 변화에 적응하는 과정이지 우연한 변화가 아니기 때문입니다. 따로 떨어진 두 집단이 환경의 변화에 대응하면서 조금씩 서로 다른 모습을 가지게 되는 건 진화라고 합니다. 앞에서 예로 든 갈라파고스의 바다 이구아나와 산 이구아나는 환경에 적응해 변화하는 모습을 보여 주기 때문에 진화라고 하죠.

다윈에게 진화론의 영감을 주었다고 알려진 갈라파고스핀치도 비슷한 예라 할 수 있습니다. 갈라파고스핀치는 크기가 아주

다윈의 핀치라고도 불리는 갈라파고스핀치의 모습입니다.
같은 종류의 새였지만 다른 방향으로 진화했습니다.

작은 새로 대륙에서 지금은 바다 아래로 가라앉은 갈라파고스
동쪽의 섬들을 따라 갈라파고스 제도에 도착합니다. 섬과 섬 사
이를 자유롭게 이동할 만큼 덩치가 크지 않아 갈라파고스핀치는
각 섬에서 독자적으로 생존하죠. 일종의 격리입니다. 격리로 인
해 각 섬의 갈라파고스핀치의 유전자 비율이 서로 다르게 되는
유전적 부동이 나타납니다. 아직은 진화라 볼 수 없는 단계죠. 하
지만 각 섬에서 새들은 서로 다른 먹이를 먹으며 살게 됩니다. 섬

의 환경 탓일 수도 있고 유전적 부동에 따른 형태의 차이일 수도 있습니다. 아마 환경이 더 큰 영향을 주었을 겁니다. 어떤 섬의 새는 주로 씨앗을 주워 먹었고, 또 다른 새는 선인장 열매와 잎을 먹고 살았습니다. 곤충을 주로 먹는 새도 있습니다. 이렇게 섬마다 다른 먹이를 먹다 보니 먹이에 적합하게 부리의 모양이 바뀌게 되죠. 부리뿐만 아니라 먹이에 따라 생활 습성도 달라지면서 그에 맞춘 진화가 이루어집니다. 결국 각 섬의 갈라파고스핀치는 서로 다른 종류의 새로 분화됩니다. 유전적 부동 자체는 진화가 아니지만 유전적 부동으로부터 시작된 환경의 변화는 진화를 이끌어 냅니다.

유전적 부동으로 발생한 진화로는 또 어떤 예가 있을까요?

꽃마다
개화 시기는
왜 다를까?

나비와 꽃의 진화
- - - - - - - - - - - - - - - - -

유채꽃과 나비

　제주도 동쪽 해안인 성산읍 부근은 봄이면 유채꽃이 많이 피기로 유명하죠. 옛날 성산읍에 있는 아주 넓은 유채꽃 동산에 사는 나비들이 있었습니다. 초여름에 알을 낳으면 여름에서 가을까지 애벌레로 살면서 몸집을 키우고 영양분을 축적했다가 늦가을에 고치를 짓고 번데기가 됩니다. 초봄이 되어 유채꽃이 필 때쯤 성충이 되어 고치를 찢고 나오죠. 이들은 주로 유채꽃의 꿀을 빨아 먹고 봄철에 짝짓기를 하며 살았습니다.

　어느 날 나비가 낳은 알 중 하나에 아주 작은 돌연변이가 생겼습니다. 별것 아니었죠. 그냥 구기의 길이가 1mm 정도 길어지는 사소한 돌연변이였습니다. 다행히 사마귀나 다른 육식 곤충에게 먹히지 않고 애벌레 시절을 보낸 이 돌연변이는 성충이 되었고 조금 길어진 구기로 씩씩하게 꿀을 빨아 먹으며 살았습니다. 다만 다른 나비와 조금 다른 점은 유채꽃 말고도 다른 꽃의 꿀도 먹었다는 것입니다. 유채꽃보다 덜 번성하기는 했지만 유채꽃 사이사이 작은 꽃이 피었는데, 꿀이 있는 꽃의 중심까지 조금 더 길었습니다. 다른 나비는 구기가 채 닿지 않아 그 꽃의 꿀을 먹지 못했지만 돌연변이 나비는 간발의 차이로 그 꿀을 먹을 수 있었죠. 그러나 꿀의 맛도 유채꽃보다 좋지 못하고 양도 적어서 웬만하면 유채꽃의 꿀을 즐겨 먹었습니다. 유채꽃이 흔할 때야 이 녀석이나 다른 나비나 별 차이가 없었죠.

사실 구기가 긴 나비가 조금 불리한 점이 있습니다. 긴 구기는 아주 조금이지만 더 많은 에너지를 소비하게 만들죠. 그래도 이 정도 불리함은 생존에 큰 영향을 주지 않아서 돌연변이 나비도 알을 낳고 후손을 남깁니다. 또 이런 돌연변이는 일정한 확률로 일어나기 때문에 구기가 긴 나비가 드물게 나타났고 이들끼리 짝짓기도 하면서 아주 적은 규모지만 구기가 긴 나비와 그렇지 않은 나비가 같이 살아갑니다. 마치 곱슬머리 사람과 직모인 사람이 섞여서 살아가고, 피부색이 진한 사람과 연한 사람들이 섞여 살아가는 것과 비슷합니다.

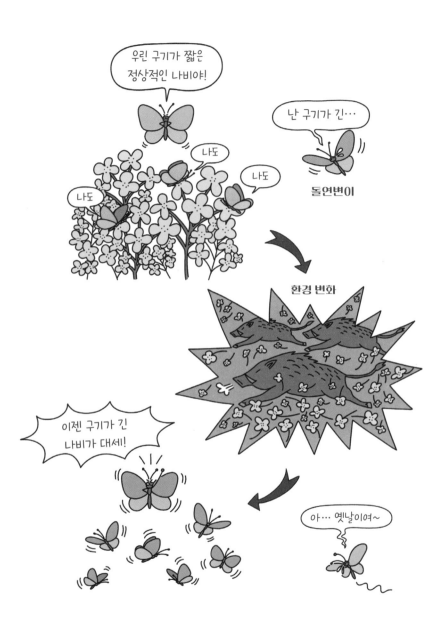

그러던 어느 해 유채꽃이 피던 곳에 멧돼지 무리가 나타났습니다. 멧돼지의 먹이가 되는 뿌리 식물이 몇 해 전부터 유채꽃 동산 너머에 번성하기 시작했고, 멧돼지들의 보금자리는 유채꽃 동산 반대쪽이었죠. 멧돼지들이 뿌리 식물의 존재를 알아차리고 매일 유채꽃 동산을 가로질러 먹이를 먹으러 갑니다. 하루 두어 차례 멧돼지들의 발굽에 유채꽃이 짓밟히기 시작합니다. 난감해진 건 유채꽃 꿀을 먹으며 사는 나비들이었죠. 꽃이 죄다 짓밟혀 꿀을 맺지 않았습니다. 어떻게든 살아남은 유채꽃에 달려들어 꿀을 먹어야 하는 경쟁이 시작되었죠. 꿀을 먹으려는 나비들의 개체 수가 유채꽃이 가진 꿀보다 많았습니다. 꿀을 먹지 못하는 나비들이 늘어납니다. 힘겨운 경쟁의 시절이 닥쳤습니다. 그러나 구기가 긴 나비들에게는 혜택이 있었으니 바로 유채꽃 사이 드문드문 피어 있는 작은 꽃이었습니다. 작은 꽃도 대부분 멧돼지 발굽에 밟히긴 마찬가지여서 살아남은 게 드물었죠. 그래도 다른 나비는 먹을 수 없는 약간의 꿀은 돌연변이의 후손에게 다른 나비들보다 조금 더 버틸 여력을 주었습니다.

그런 시절이 몇 년 지나자 돌연변이의 후손이 다른 나비의 후손보다 좀 더 많아집니다. 꿀을 먹으며 기운을 차려 알을 더 많이 낳았기 때문이죠. 게다가 돌연변이 후손끼리 짝짓기를 해서 태어난 나비는 당연히 다른 나비보다 생존율과 번식률이 높았습니다. 이들은 유채꽃뿐 아니라 다른 꽃의 꿀을 열심히 빨아 먹습니다. 그런데 돌연변이 후손 나비의 개체 수가 늘어나자 유채꽃 동산의 경쟁이 다시 치열해집니다. 치열한 경쟁 중 일부 나비들이 유채꽃 동산을 떠나 다른 곳의 꽃을 찾아다닙니다. 다른 지역에서 꽃을 찾으면 그곳에 자리를 잡았죠. 원래 유채꽃 동산에 살던 나비와는 사는 곳도 꿀을 얻는 곳도 달라지니 자연히 교류가 끊기고, 같은 지역에 사는 나비끼리 짝을 짓는 경우가 늘어납니다. 시간이 지나면서 두 집단은 서로 다른 종류의 나비가 됩니다.

사시사철 피는 꽃

같은 종의 식물은 같은 시기에 꽃을 피우는 것이 유리합니다. 그래야 수술머리의 꽃가루를 다른 개체의 암술머리에 묻힐 확률이 증가하기 때문이죠. 같은 종끼리 개화 시기가 달라지면 번식률이 떨어질 수밖에 없습니다.

제주의 유채꽃이 일제히 개화하는 이유도 번식에 유리하기 때문입니다. 그러나 유채꽃과 같은 시기에 꽃을 피우는 개체 수가 적은 식물, 예를 들어 제비꽃의 경우 꽃가루받이할 확률이 줄어듭니다. 꽃가루를 많이 옮기는 꿀벌이나 나비 등은 특정한 꽃을 가려 꿀을 빨지는 않습니다. 주변의 꽃 어떤 것이든 빨 수만 있다면 상관하지 않죠. 그래서 개체 수가 적은 제비꽃에서 꿀을 빤 꿀벌과 나비가 다음 차례에 같은 제비꽃에 가는 것보다 유채꽃으로 갈 확률이 더 높습니다. 제비꽃으로선 꿀만 빨리고 꽃가루받이는 할 수 없는 거죠.

그런데 어떤 생물이든 돌연변이는 항상 나타나고 그중 개화시기를 달리하는 돌연변이도 있습니다. 어떤 제비꽃이 돌연변이로 인해 다른 제비꽃과 유채꽃이 피기 일주일 전에 개화를 한다고 생각해 보죠. 보통 이런 돌연변이는 불리합니다. 다른 제비꽃은 아직 꽃이 피지 않았기 때문이죠. 하지만 마침 비슷한 돌연변이로 인해 일주일 먼저 개화한 다른 제비꽃이 있었다면 어떻게 될까요? 이 경우도 보통은 불리합니다. 일주일 뒤 제비꽃 수백 개체가 동시에 개화했을 때보다 꽃가루받이할 확률이 낮기 때문이죠.

그러나 유채꽃이 군락을 이루어 일제히 개화하는 특수한 상황에서는 일주일 먼저 개화한 제비꽃의 번식률이 일주일 뒤 유채꽃과 같이 개화한 경우보다 더 높아집니다. 물론 그 차이는 몇 %도 되지 않겠지만 그 몇 %가 지속적으로 몇 세대를

걸쳐 이어지면 커다란 차이를 낳습니다. 마치 복리 이자가 단 1%의 차이라도 수십 년이 지나면 커다란 차이를 낳는 것과 같죠.

제비꽃 무리 중 유채꽃보다 일주일 먼저 개화하는 개체의 비율이 늘어나고 번식률도 높아지면서 점차 제비꽃 전체의 개화 시기가 당겨집니다. 하지만 이런 변이는 제비꽃에게만 일어나는 건 아니죠. 유채꽃과 비슷한 시기에 꽃이 피는 다른 식물 중에도 개화 시기의 변이가 일어납니다. 제비꽃은 유채꽃은 피했지만 다른 식물과 다시 경쟁에 들어갑니다.

여기서도 또 변이는 일어납니다(변이는 항상 일어나며 이는 확률적으로 필연입니다). 더 일찍 개화하는 녀석들이 나타나죠. 이는 앞에서 말한 대로 불리한 변이입니다. 변이는 항상 확률적으로 아주 소수에게서 일어나기 때문이죠. 일주일 먼저 개화한 제비꽃들은 아주 소수이기에 번식률이 낮습니다. 또한 이른 봄에 개화했기 때문에 꽃이 필 때까지 축적된 영양분이 적어 꿀의 양이 적고, 씨앗과 열매도 제대로 성장하기 힘듭니다. 여러모로 불리한 소수의 돌연변이는 대부분 몇 세대에 걸쳐 개체 수가 줄어들다가 사라집니다. 그러나 다른 꽃과의 경쟁이 심화되어 제 시기에 꽃이 피는 개체보다 좀 더 일찍 꽃이 피는 개체의 번식률이 높아지면 종 전체에서 변이를 일으킨 개체의 비율이 늘어납니다. 이런 과정을 거쳐 식물들의 개화 시기는 경쟁이 덜한 쪽으로 퍼져 마침내 늦겨울에서 초겨울에 이르는 광범위한 시기 전체에 퍼지게 됩니다.

식물의 변이는 꽃이 피는 시기만 변화시킨 건 아닙니다. 다양한 변이 중 일부는 식물의 꽃잎 색을 변화시키기도 합니다. 또 어떤 변이는 꽃잎의 형태를 바꾸기도 하죠. 물론 한 번의 변이로 노란색 꽃이 붉은색으로 변하지는 않습니다. 색소의 발현 정도가 차이가 나서 기존 색깔과 아주 조금 다른 색이 나오는 것이죠. 뒷산에 가서 봄철 피는 개나리나 철쭉을 자세히 보면 대부분의 개체와 채도나 명도가 살짝 다른 꽃을 볼 수 있습니다. 딱 그 정도죠. 이런 변이 또한 불리합니다. 만약 곤충이 색을 기준으로 자신이 선호하는 꽃을 찾는다면 다른 색의 꽃은 덜 찾아오고 번식률을 낮추는 일이 될 테니까요.

그러나 유채꽃 동산에서 유채꽃과 똑같은 노란색의 다른 꽃이 변이를 통해 색이 변했을 때 노란색에 대한 선호도가 덜한 곤충을 불러들일 수도 있습니다. 유채꽃 동산에서는 이런 곤충 자체가 드물 것이니 보통은 불리하겠지만 유채꽃과 경쟁에서 지고 있는 경우라면 상황이 달라집니다. 유채꽃과 다른 색을 선호하는 곤충이 드물어도 그 곤충과 다른 색의 꽃끼리만 상호 작용하면 번식률을 떨어뜨리는 대신 높이는 효과를 거둘 수 있습니다. 따라서 몇 세대를 거치면서 약간의 색 변화를 일으킨 돌연변이 개체의 비율이 늘어나게 되죠. 변이 개체의 번식률이 올라가면서 변이는 자손에게 이어질 것이고, 마침내 꽃잎 색은 기존 개체와 완전히 다르게 바뀝니다.

늦겨울 얼음이 녹기 전부터 꽃이 피는 복수초나 매화부터 늦가을까지 꽃을 피우는 국화나 코스모스까지, 노란 개나리, 빨간 장미, 하얀 목련, 아주 조그마한 제비꽃에서 큼지막한 해바라기에 이르기까지 우리의 눈을 즐겁게 하는 온갖 종류의 꽃이 자연에 가득 차게 된 것은 이런 진화의 결과입니다.

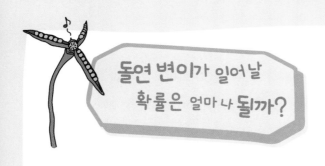

돌연 변이가 일어날 확률은 얼마나 될까?

돌연변이는 항상 나타납니다. 하지만 돌연변이는 대부분 개체에게 이익이 되지 않거나 불리합니다. 당연합니다. 진화는 현재의 환경에 최적인 개체가 살아남는 것이니까요. 이미 최적화된 상태를 바꾸는 돌연변이가 유리해지긴 힘듭니다. 게다가 개체에게 불리한 돌연변이는 당대 혹은 몇 대를 지나면서 사라집니다.

이익은 안 되도 큰 해를 끼치지 않는 돌연변이는 그래도 후손으로 이어집니다. 그런데 쓸모없던 돌연변이가 환경 변화로 개체에게 이익을 주는 경우가 있습니다. 물론 이익이라고 해 봤자 별로 크지는 않습니다. 개체에게 아주 큰 변화는 유전자 한둘이 아니라 꽤 많은 유전자가 변해야 하는데, 여러 유전자가 동시에 변하는 일은 대단히 희박하기 때문이죠.

무해한 돌연변이가 나타날 확률도 작을뿐더러 쓸모없던 돌연변이가 대를 이어 전달되다 특정한 환경 변화에 의해 개체에게 이익을 줄 확률 또한 낮습니다. 무해한 돌연변이가 나타날 확률을 1만 번에 한 번 정도라고 생각해 보죠. 또 그 후손이 다행히 사라지지 않고 이어지다가 돌연변이가 이익이 되는 환경 변화를 맞닥뜨리게 되는 경우를 다시 1만 분의 1이라고 해 보겠습니다. 1만 분의 1의 다시 1만 분의 1이니 1억 분의 1 확률입니다. 이처럼 작은 확률이 발생할까 싶지만 당연하게도 일어나 버립니다.

나비가 100만 마리 정도의 개체 수를 유지하는 집단이라고 해 보겠습니다. 1억 분의 1 확률이 100분의 1로 줄어듭니다. 이 나비들은 1년에 한 번씩 짝을 짓습니다. 그렇다면 100년이면 쓸모없던 돌연변이가 이익이 되는 일이 한 번은 일어난다는 이야기죠. 진화는 이렇게 일어납니다. 어떤 변이가 도움이 될지, 어떤 개체에게 돌연변이가 일어날지 알 수가 없습니다. 모두 우연이죠. 그러나 개체의 우연은 집단에서 확률적 필연이 됩니다.

이제 돌연변이가 개체에게 이익이 되면서 또 어떤 일이 일어날수 있는지 생각해 보죠. 만약 돌연변이 나비가 다른 나비보다 생존율이 1% 더 높아서 1% 더 많이 짝짓기를 한다면 어떻게 될까요? 100년이 지나면 일반 나비에 비해 2.7배 정도 더 많은 개체가 생깁니다. 300년이 지나면 약 스무 배, 600년이 지나면 400배가 됩니다. 아주 작은 생존율과 아주 작은 번식률의 차이가 시간에 의해 증폭되면 어마어마한 결과를 낳게 되는 셈입니다.

작은 돌연변이가 진화로 이어진 예로는 또 뭐가 있을까요?

펭귄은 왜
날지 못할까?

생물의 퇴화

동굴 속 세상

지금은 동굴을 발견하는 일이 쉽지 않습니다. 도시 주변에는 거의 없죠. 산에 가야 겨우 볼 수 있는데 그중 얕은 동굴에는 대부분 주인이 있습니다. 우리나라에선 보기 힘들지만 미국이나 시베리아 등의 얕은 동굴은 곰과 같은 포유류가 주로 거처로 삼고 있습니다. 하지만 아주 깊은 동굴 속으로 들어가면 곰과 같은 덩치 큰 동물은 만나기 힘듭니다.

깊은 동굴은 외부 세계와 고립된 장소입니다. 외부 활동을 하면서 잠을 자고 쉬는 용도로 사용할 수 없죠. 그런데 이런 곳에도 살아가는 생물이 있습니다. 어떤 과정을 거쳐서 들어왔는지 사연이야 알 수 없지만 고립된 생태계가 나름 형성되어 있죠. 물론 외부 세계에 비해 아주 빈약한 생태계입니다.

텍사스 동굴 도롱뇽의 모습입니다.
눈이 있는 부분은 모두 피부로 덮였고, 피부 또한 투명에 가깝게 변했습니다.

일단 빛이 없으니 생태계의 기초를 이루는 광합성 생물이 없습니다. 사실 살기 힘들죠. 그래도 눈에 불을 켜고 찾아보면 지네나 노래기, 물이 있으면 수생 곤충이나 벌레 등 꽤나 여러 종류가 삽니다. 박쥐가 서식하는 동굴이면 생태계는 더욱 풍성해집니다. 박쥐가 눈 똥이 먹이가 드문 동굴에선 아주 좋은 먹잇감이 되기 때문이죠. 더구나 매일 공급되니 다른 동굴에 비해 생태계가 풍요로워집니다. 어찌됐건 동굴에 사는 동물은 대부분 두 가지 공통점을 가지고 있습니다. 하나는 눈이 없고 둘째는 피부가 투명하다는 점이죠. 동굴 세계에는 빛이 없기 때문입니다.

눈은 에너지를 많이 소비하는 감각 기관입니다. 이런 비싼 기관을 달고 다니는 데는 나름 이유가 있는 법이죠. 다른 먹이를 사냥하거나 천적으로부터 도망치는 데 꼭 필요한 기관이기 때문에 비싼 에너지 비용을 지불하고서라도 달고 다닙니다. 있는 쪽이 없는 쪽보다 생존에 유리하고, 당연히 번식에도 유리합니다.

그러나 동굴이라면 사정이 달라집니다. 먹는 쪽이든 먹히는 쪽이든 눈이 있어 봐야 당최 볼 수가 없습니다. 물론 보이지 않는다고 해서 바로 눈이 사라지진 않지만 동굴에 사는 동안 다양한 변이가 생깁니다. 어떤 변이는 눈이 나빠지고 어떤 변이는 눈이 조금 좋아집니다. 동굴 밖이라면 잘 보이는 게 생존에 유리하겠지만 동굴 안에서는 오히려 불리해집니다. 좋은 눈은 에너지도 더 많이 써야 합니다. 동굴 안에서 구할 수 있는 에너지와 자신의 생존율과 번식률이 적당히 맞물리는 지점에서 타협을 해야 하죠. 마치 우리가 사양이 더 좋은 휴대폰이나 컴퓨터를 가지면 기분이야 좋겠지만 너무 비싸면 살수 없거나 무리해야 하는 것과 비슷합니다.

눈이 나빠지는 변이는 원래 불리한 거지만 동굴에서는 다릅니다. 어차피 빛이 없으니 눈이 좋은 다른 동물과 별반 차이가 없습니다. 아니 조금 유리해진다고 봐야죠. 나쁜 눈은 에너지를 덜 먹고, 그만큼 다른 곳에 쓸 에너지가 조금 늘어납니다. 뭐 눈곱만큼이라도 유리한 것은 유리한 것이죠. 수십 세대가 지나면 이런 동물의 후손이 다른 녀석들보다 더 늘어납니다. 그리고 이들 사이에서 다시 변이가 일어납니다. 일부는 눈이 더 좋아지고 일부는 더 나빠지죠. 동굴에서는 이때도 눈이 나쁜 쪽이 유리합니다. 몇 백, 몇 천 세대를 지나면서 점점 눈은 그 기능이 떨어지는 만큼 감각 기관으로서의 모습도 희미해집니다. 그렇게 세월이 흘러 동굴 동물들의 눈이 사라집니다. 물론 해부학적으로 보면 눈과 연결된 신경이라든가 수정체의 모양 등이 희미하게 남아 있기는 하죠. 이를 흔적 기관이라고 합니다.

피부도 마찬가지입니다. 대개 동물들은 천적을 피하고 먹잇감이 알아차리지 못하도록 주로 서식하는 곳의 색깔과 모양이 비슷한 껍질이나 털, 비늘을 가집니다. 그러나 동굴에서는 그럴 필요가 없습니다. 어차피 빛이 없어 서로 보질 못하니 표피에 들이는 정성을 먹이를 찾고 번식을 하는 데 쓰는 것이 더 낫습니다. 그리하여 점점 피부에도 에너지가 들어가는 일이 줄게 되고 결국 투명한 피부가 대세가 됩니다.

눈이 사라지고 피부 색소가 빠지는 것을 퇴화라 하고 누군가는 이를 진화의 반대 개념으로 삼습니다. 하지만 개체가 자

기에게 필요 없는 기관을 없애거나 줄이는 퇴화는 그 자체로 진화입니다.

새의 노래와 모래주머니

제가 사는 동네에서 가장 흔한 건 비둘기지만 가장 시끄러운 건 까마귀입니다. 시도 때도 없이 깍깍거리죠. 어릴 땐 아침이면 닭이 꼬꼬댁 하고 우는 통에 잠을 깨곤 했습니다. 겨울이 가고 봄이 올 때쯤 동네 뒷산에 가면 어디서 왔는지 이름도 잘 모르는 새들이 여기저기서 지저귑니다. 동물의 세계에서 가장 시끄러운 건 어찌 보면 새일 겁니다.

새들이 우는 이유는 짝을 찾거나 천적을 피하라고 경고를 보내거나 배가 고파 어미를 부르기 위해서일 수도 있습니다만 숲, 바닷가, 동네 어디든 항상 소리를 내고 있습니다. 생각해보면 청설모나 멧돼지, 도마뱀이나 뱀도 거의 소리를 내지 않습니다. 소리를 내는 건 짝을 찾을 때뿐이고 그마저도 포식자인 경우가 대부분입니다.

당연한 일입니다. 동물이 섣불리 소리를 내면 호시탐탐 먹이를 노리는 천적에게 발각되기 쉬울 것이고, 반대로 먹잇감이 다가오는 걸 눈치채고 도망칠 수도 있기 때문이죠. 숲에 사는 동물들에게 침묵은 금이 아니라 생존 본능과 같습니다. 그런데 왜 새는 겁도 없이 저리 시끄럽게 우는 걸까요? 이유는 다들 짐작하듯이 하늘로 날아가면 잡을 방법이 없기 때문입니다. 하늘을 날게 되면서 새들은 소리 낼 자유도 함께 얻게 된 거라 볼 수 있습니다.

그런데 하나를 얻으면 잃는 게 있는 법입니다. 새도 하늘을 날기 위해 많은 걸 포기할 수밖에 없었습니다. 대표적인 것이 이빨입니다. 새들의 조상인 공룡은 당연히 입에 이빨이 있었습니다. 중생대 처음 등장한 새도 부리에 이빨이 있었죠. 그러나 중생대가 끝나고 신생대가 시작될 무렵 살아남은 새들은 모두 이빨이 없습니다. 이빨이 있는 새들과 없는 새들 사이의 경쟁에서 없는 새들이 이긴 겁니다. 물론 거위 같은 경우 부리에 이빨의 흔적이 남아 있긴 합니다만 다른 포유류나 파충류처럼 물어뜯는 용도로 사용할 순 없습니다.

그럼 현재의 새들은 왜 이빨이 없는 걸까요? 원래 이빨은 무언가를 물어뜯고 씹는 용도입니다. 사자나 호랑이 같은 육식 동물은 사냥의 도구로 쓰기도 하지만 대부분 먹이를 자르고, 찢고, 잘게 부수는 데 이용합니다. 그런데 이런 행동을 할 때 꼭 필요한 게 물어뜯는 힘입니다. 이 힘은 아래턱에서 나오죠.

새는 어떨까요? 다음 쪽 그림처럼 아래턱이 아주 얇고 가늡니다. 먹이를 물어뜯을 힘을 주기가 힘들죠. 그러니 이빨이 있어 봤자 소용이 없습니다. 자연스럽게 이빨이 사라지는 진화, 즉 퇴화가 일어납니다. 새의 아래턱이 쓸모없게 진화한 이유는 날기 위해서입니다. 하늘을 날려면 몸을 최대한 가볍게 만들어야죠. 몸에서 밀도가 가장 높은 건 뼈입니다. 뼈를 최대한 줄여야 나는 데 필요한 에너지를 절약할 수 있습니다. 그렇게 일종의 다이어트로 아래턱의 무게를 줄이고 이빨도 없앤 진화를 이룬 새들이 이빨과 듬직한 아래턱을 가진 새들보다 생존에 더 유리했고, 그 결과 현재는 이빨 없는 새들만 남게 되었습니다.

흔히 멍청하다는 뜻으로 새대가리라는 표현을 씁니다. 새가 정말 멍청해서가 아니라 머리가 작다 보니 멍청할 거란 선입견으로 생긴 말입니다. 이런 말이 나올 정도로 새의 머리는 실제로 굉장히 작습니다. 언뜻 커 보이는 부엉이도 깃털을 빼고 나면 별로 크지 않습니다. 우리가 주변에서 보는 새는 대부분 주먹만 한 정도죠. 포유류와 비교하면 신체 크기에 비해 머리가 아주 작은 편입니다. 역시 이빨이 사라진 이유와 마찬가지입니다. 다른 부위보다 머리는 뼈의 비중이 큽니다. 그러니 머리 크기를 줄여 뼈의 크기도 같이 줄인 거죠. 머리뼈가 작은 만

어른

신생아

새

어른은 아래턱이 발달해서 앞에서 봤을 때 얼굴이 길쭉한 모양이지만 아직 아래턱이 발달하지 않은 아이는 얼굴의 좌우와 위아래 길이가 비슷해. 새도 아래턱이 가늘지.

큼 비둘기나 까치의 뇌는 호두 한 개 정도 크기밖에 되질 않습니다.

그리고 새의 이빨이 사라진 결과 우리가 즐겨 먹는 닭똥집이 생겼습니다. 정확하게는 똥집이 아니라 모래주머니입니다. 이빨이 없다 보니 새는 먹이를 통째로 삼킵니다. 하지만 이래선 소화가 잘 되질 않죠. 먹이를 잘게 쪼개기 위해 위장 바로 위에 모래주머니를 만듭니다. 이곳에 삼킨 모래가 있죠. 아주 강한 근육으로 이루어져 있어 먹이가 이곳에서 모래와 뒤엉키며 분쇄가 됩니다. 이빨의 역할을 대신하는 거죠. 새들은 날기 위해 물고 뜯고 씹는 즐거움을 포기한 겁니다.

펭귄과 키위

인간에게 가장 인기가 높은 바다 동물을 하나 고르라고 하면 누군가는 펭귄을 들고 또 누군가는 돌고래를 들 겁니다. 혹시 물개나 참치를 더 좋아하는 사람도 있을 순 있겠지만요.

흔히 펭귄 하면 남극 대륙이나 그 근처의 빙산에서 뒤뚱뒤뚱 걷는 우스꽝스런 모습을 연상하게 됩니다. 그래서 당연히 펭귄이 남극에서 진화했을 걸로 생각하지만 가장 오래된 펭귄 화석은 뉴질랜드 부근에서 발견되었습니다. 화석으로 발견된 펭귄의 선조도 지금의 펭귄처럼 날 수 없는 새였습니다. 물론 그보다 더 오래전으로 거슬러 올라가면 하늘을 날던 조상이 있었겠죠. 펭귄의 선조가 하늘을 날지 않게 된 건 지금의 키위와 비슷한 이유일 겁니다. 키위 하면 과일이 생각나겠지만 그전에 뉴질랜드의 대표적인 새 이름이기도 합니다. 태평양에

키위는 날개가 퇴화하여 날 수는 없지만 다리가 발달하여 잘 달립니다.
긴 부리 끝에 콧구멍이 있어 냄새를 맡아 지렁이를 주로 먹습니다.

는 키위처럼 하늘을 날지 않는 새가 섬마다 있습니다.

이유는 천적이 없기 때문입니다. 새의 천적은 보통 뱀이나 포유동물입니다. 둥지의 알을 먹기도 하고, 때로는 나무를 타고 올라가 새끼를 잡아먹기도 하죠. 다쳐서 날지 못하는 새를 잡아먹기도 하고요. 그런데 뱀이나 포유동물이 이들 섬에는 없습니다. 태평양에 있는 대부분의 섬은 해저 화산의 폭발에 의해 생겼습니다. 하와이나 갈라파고스는 화산 폭발이 좁은 지역에서 연속 일어나다 보니 화산섬이 모여 있습니다. 더구나 육지에서 멀리 떨어진 바다 한가운데에 생겼죠. 이런 섬에는 바닷새나 다른 바다 동물이 접근하기 쉽지만 포유류나 뱀은 접근할 수 없습니다. 몇 백 킬로미터, 몇 천 킬로미터 떨어진 곳이니 헤엄쳐 갈 엄두도 못 내죠.

자연스럽게 섬에는 파도에 떠밀리거나 바람에 날려 온 씨앗이 발아해서 나무며 풀을 만들고, 태풍 등에 휩쓸려 온 곤충이나 아주 작은 동물이 주로 살게 됩니다. 이런 곳이니 덩치 큰 동물이 있을 리가 없겠죠. 바닷새가 생태계의 최고 포식자가 됩니다.

바닷새의 일부는 여전히 바다에서 물고기를 잡아먹고 살았지만 일부는 지렁이나 곤충의 유충 등을 주된 먹이로 삼습니다. 땅속에 살고 있는 벌레를 먹으려면 날기보다는 걷는 게 편합니다. 숲속 여기저기를 다니며 땅을 헤집고 먹이를 찾죠. 거기다 자신이나 새끼를 노리는 천적도 없습니다. 자연히 날아다닐 일이 없어집니다. 날 일도 없는데 날개가 큰 새보다 작은 새가 에너지를 덜 쓰니 생존에 유리합니다. 대를 이어 가며 점차 날개가 퇴화하죠. 그러다 보니 섬에는 날지 못하게 된 새들이 남게 됩니다. 날개의 퇴화가 섬 생활에 적응하는 진화가 된 셈입니다.

펭귄의 선조도 이런 새 중 하나였죠. 그런데 어떤 이유에선지 먹잇감이 부족해지는 상황이 찾아옵니다. 다른 날지 않는 새들과의 경쟁에서 밀렸을 수도 있고 기후가 갑자기 바뀌었을 가능성도 있습니다. 먹이가 부족한 선조들은 해안에서 물고기를 잡습니다. 다만 다른 바닷새는 하늘 위를 날다가 물고기 떼가 보이면 수면으로 내려가서 먹이를 낚아챘지만 이미 날지 못하는 펭귄의 선조는 해변에서 물로 들어갈 수밖에 없었습니다.

물고기를 사냥하면서 펭귄의 몸은 다시 변합니다. 이미 퇴화된 날개는 더 짧아지면서 납작하게 변하여 마치 노와 비슷한 모양이 되었습니다. 바닷속에서 헤엄치기 좋은 모양이죠. 발에는 물갈퀴가 달립니다. 다리의 반 가까이는 몸 안으로 들어가서 밖으로 드러난 다리는 아주 짧아 보입니다. 헤엄치는 데 별 도움이 되질 않으니 체온을 유지하게 위해 표면적을 줄인 거죠. 동시에 깃털도 더 빽빽해져서 체온 유지에 도움을 줍니다.

북극이나 남극 주변에 사는 동물들은 다른 지역에 사는 비슷한 종류의 동물보다 덩치가 큽니다. 북극곰이 열대 지역의 곰보다 훨씬 덩치가 큰 것처럼요. 몸집이 큰 게 체온 유지에 도움이 되기 때문입니다. 펭귄도 다른 새보다 몸집이 큰데, 바닷속에서 사는 시간이 길다 보니 물에 체온을 뺏기지 않기 위해 몸이 커진 거라 볼 수 있습니다. 펭귄 하면 남극이 연상되지만 사실 펭귄은 아프리카 남단과 남아메리카 그리고 남극 부근의 섬 등 남반구의 꽤 넓은 영역에 삽니다. 당연하게도 추운 남극에 사는 펭귄의 덩치가 가장 큽니다.

퇴화도 진화다

인간에게도 퇴화의 흔적은 몸 여기저기에 남아 있습니다. 흔적 기관이죠. 흔적 기관이란 원래 잘 쓰던 기관이 환경이 바뀌어 쓰지 않게 되면서 기능이 녹슬고 사라진 것을 말합니다. 이개근(동이근)이 대표적인 예입니다. 이개근은 귀를 움직이는 근육입니다. 고양이가 여러 소리에 귀를 움직일 때 사용하죠. 사람은 이족 보행을 하면서 시야가 넓어져 소리에 덜 민감하게 되었습니다. 그러다 보니 귀를 움직일 일이 줄어들어 이개근도 퇴화했습니다. 물론 아직도 이개근의 기능이 조금 남아 귀를 움찔움찔할 수 있는 사람도 있지만 고양이나 개처럼 움직이진 못하죠.

꼬리뼈도 퇴화했습니다. 개가 사람을 보고 반갑게 꼬리를 흔드는 건 아주 자연스런 일이죠. 이렇게 꼬리를 흔들 수 있는 건 근육과 이를 지탱하는 꼬리뼈가 있기 때문입니다. 꼬리는 빠르게 달리거나 방향을 바꿀 때 균형을 잡아 주는 역할도 하고, 꼬리를 흔든다든가 빳빳이 세운다든가 혹은 다리 뒤로 감추는 등의 행동을 통해 동료에게 의사를 전달하는 데도 쓰입니다. 꼬리는 원숭이 대부분도 가지고 있습니다. 하지만 침팬지, 고릴라와 같은 영장류는 꼬리가 없죠. 열대 우림에 살았던 인간의 조상도 마찬가지입니다. 앞발로 나무를 타던 영장류에겐 꼬리가 별 쓸모가 없었기 때문입니다. 그래서 꼬리뼈는 엉덩이 살 안에 흔적으로만 남게 되었습니다.

많은 사람들이 진화의 반대말이 퇴화라고 생각합니다. 하지만 앞서 이야기한 것처럼 퇴화는 진화의 한 종류입니다. 퇴화가 뭔가 줄어들고 사라지는 일이라 처음 이 생물학적 개념을 접한 사람들이 일종의 후퇴라 여기고 진보의 반대 개념으로 쓰기 시작했겠죠. 하지만 퇴화란 어떤 생물이 후퇴했다는 뜻이 아니라 그 생물의 특정 부분이 쓸모가 없어진 것이고 그 또한 환경에 대한 적응, 진화의 하나입니다.

퇴화를 진화의 반대라고 여기는 데는 잘못 적용한 또 다른 개념이 있습니다. 바로 진화가 곧 진보라는 생각입니다. 흔히들 많이 쓰지요. 진화는 단순히 현재의 환경에서 생존과 번식에 유리한 변이를 가진 개체가 많이 살아남는 것에 불과합니다. 진보와는 10억 광년 이상 차이가 있는 개념이죠.

우리 몸에서 퇴화한 기관으로는 또 어떤 게 있을까요?

눈 크게 뜨고 진화의 흔적을 찾아봐요!